美国心理学会情绪管理自助读物

成长中的心灵需要关怀 · 属于孩子的心理自助读物

U0366577

我要更坚韧

青少年韧性培养手册

Bounce Back
How to Be A Resilient Kid

［美］温迪·L. 莫斯（Wendy L. Moss） 著

王 尧 译

化学工业出版社

·北 京·

图书在版编目（CIP）数据

我要更坚韧：青少年韧性培养手册 / [美] 温迪·L. 莫斯（Wendy L. Moss）著；王尧译. —北京：化学工业出版社，2017.8（2025.4重印）

（美国心理学会情绪管理自助读物）

书名原文：Bounce Back: How to Be A Resilient Kid

ISBN 978 - 7 - 122 - 30146 - 8

Ⅰ.①我… Ⅱ.①温… ②王… Ⅲ.①成功心理－青少年读物 Ⅳ.① B848.4-49

中国版本图书馆 CIP 数据核字（2017）第 163181 号

责任编辑：战河红　肖志明　　　　　　　　　　　装帧设计：邵海波
责任校对：边　涛

出版发行：化学工业出版社（北京市东城区青年湖南街13号　邮政编码100011）
印　　装：中煤（北京）印务有限公司
889mm×1194mm　1/20　印张6　字数80千字　2025年4月北京第1版第9次印刷

购书咨询：010-64518888（传真：010-64519686）　售后服务：010-64518899
网　　址：http://www.cip.com.cn
凡购买本书，如有缺损量问题，本社销售中心负责调换。

定　　价：30.00元

　　本书献给战胜困难并且永远热爱、笑对和享受生活的葛拉瑞和哈罗德·莫斯！

　　因受少年司格特·莫斯鼓舞——坚强面对自己患有癌症的事实。比如，得知因为化疗而会失去自己的头发时，他骄傲地展现出自己的坚韧："光头也美丽。"他的座右铭是：当生活给了你一个又酸又苦的柠檬，你可以把它做成又甜又好喝的柠檬汁。而且，他实际而又负责地看待自己的病情，让自己的每一分钟都过得很充实。司格特清醒地知道自己要么争取最好的结果，要么关注病情和治疗的副作用，并且不再做自己过去喜欢但可能会导致癌症的事情。他在坚韧的道路上勇敢前进！

目录

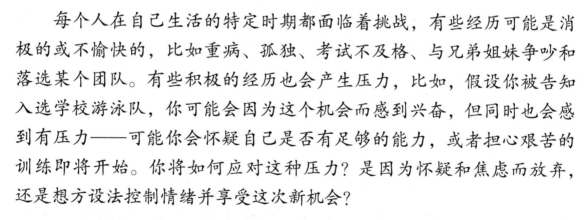

第一章

什么是坚韧?

　　每个人在自己生活的特定时期都面临着挑战，有些经历可能是消极的或不愉快的，比如重病、孤独、考试不及格、与兄弟姐妹争吵和落选某个团队。有些积极的经历也会产生压力，比如，假设你被告知入选学校游泳队，你可能会因为这个机会而感到兴奋，但同时也会感到有压力——可能你会怀疑自己是否有足够的能力，或者担心艰苦的训练即将开始。你将如何应对这种压力? 是因为怀疑和焦虑而放弃，还是想方设法控制情绪并享受这次新机会?

　　花点时间想一下，在你的生活中什么事情会让你产生压力? 是自己在学校里感到吃力的功课，与朋友的冲突，还是别的不愉快或充满压力的处境? 如果是这样的话，你该怎么做呢? 你有办法克服这些困难吗？你听说过"当生活给了你一个又酸又苦的柠檬，你可以把它做成又甜又好喝的柠檬汁"这句谚语吗？它的意思是，即使一些事情不尽如人意或者在你面临压力非常大的经历时，总有办法去应对和尽力改善。一个坚韧的人经常这样做。当你变得坚韧起来，你会发现自己也能更好地这样做。

"变得坚韧"意味着什么？

坚韧就像一个反弹的球。当球砸向地面时，我们期望它能反弹回来。坚韧意味着你能够反弹，能够处理困难时期、新的情况、不可预期的变化或者别的让你产生压力的经历。

请记住：变得坚韧并不意味着你感觉不到痛苦或者一切事情都按照你期望的方式进行。事实是：在经历压力情境并且学会应对处理挑战和挫折后，你就会变得更加坚韧。如果你发现了掌握克服困难的方法，在将来面对艰难时期时，你不仅不会感到不知所措，而且还会更加自信地应对处理。

本书会如何帮助你

一些人看起来是自动地反弹——他们知道怎样变得坚韧。然而，坚韧并不是天生的有或没有——它可以经过后天学习。如果两个人面对着同样的困难，坚韧的人总是比不坚韧的人感到的压力小。坚韧的人掌握了避开或克服压力的方法。

在本书中，你会学到如何更加频繁和轻松地变得坚韧的方法。主要有以下三大步骤：

第一步：了解你自己，知道什么让自己感到高兴、什么让自己感到有压力。

第二步：学习和掌握让自己度过压力大的时期的方法。

第三步：在自己的生活中运用这些方法。

下列各章的内容将会涵盖上述步骤，并帮助你掌握生活中重要的能力——坚韧。你将会学到如何判定某种你感到压力的情况是否在自己能够改变的范围内，然后再决定如何去接受、适应或者改变。你将会读到什么时候应该依靠自己去处理问题，什么时候需要寻求建议或帮助。此外，你还会读到如何自我交流、自我镇静以及其他的具体方法，如处理那些能够让自己变坚韧的各种冲突、挑战，为生活中的拦路石、障碍物和未来岁月中可能面对的挑战做好准备。

你会读到很多别的孩子如何从压力时期反弹起来的方法。但是，为了保护所有分享他们故事的儿童和少年的隐私，本书中的举例是很多孩子的综合描述，而不在于展现某个孩子单独面对的挑战。

所以，你是否想走出焦虑、生气、悲伤和频繁紧张的困境？你是否因为自己有反弹回来的处理方法而想获得自己能够处理挑战的信心？你是否想学会处理痛苦时期而不会对此感到情绪失落？如果你对上述提问的回答都是"是"的话，那么你将会从找到变得坚韧起来的方法中获益。积极地学习坚韧本领，是掌握它们的重要的第一步！本书为你提供了大量的、能够帮助你实现"坚韧"目标的提示！

第二章

了解自己

你对自己了解多少？比如，你知道什么会让你感到"有压力"？在一天的不同时期和不同活动中，自己会有什么样的感觉？当你感到焦虑、生气、失望和不知所措时，你会如何平静下来？也许你会觉得非常了解自己，因为你和自己的每一天、自己的一生都是在一起的。可事实是：你几乎不去花时间考虑自己的感觉、采取行动的原因和应对压力的策略。这就对了。

本章将会是一个挑战：你能否发现和确定自己的"压力触发源"、感受到压力的表现以及如何应对压力。你将有机会去更多地了解自己。你是否还记得第一章中变得更加坚韧的三个步骤？了解自己是第一步！

在阅读本章之前，请花一分钟时间思考一下自己：

当我感到紧张、失望或有压力时，我：

a. 不知道该怎么办。

b. 希望别人注意到自己有压力，并且主动来帮我。

c. 有一些寻求帮助的人和放松的活动，这通常能够让我镇静下来并且感到舒服很多。

当我在与朋友吃午饭时，突然感到心烦意乱和肌肉紧张，我：

a. 通常不考虑或者没注意到。

b. 注意到自己的分神和紧张，但不确定为什么。

c. 注意到自己的紧张，并知道原因，比如自己为下一场课堂测验而担心。

当我感到压力时——无论是参加聚会、学习，还是做别的什么事情——我：

a. 不知道该怎么办。

b. 可能会不自主地双腿打战、目光游离，但除非别人指出来我才会意识到。

c. 知道自己什么时候感到有压力，并且也知道有压力时自己应该怎么办。

当我失望、不知所措或紧张时，我：

a. 将情绪隐藏起来，并且不告诉别人。

b. 想告诉自己相信的人，但不知道该怎么说。

c. 知道如何与自己信赖的人交流自己的感情。

有时，一些场景会让自己感到有压力，我：

a. 不知道自己的压力触发源。

b. 知道自己的压力触发源，但不能经常预测是否会产生压力。

c. 知道一些常见的情况会让自己感到有压力，所以在那些情况下我会努力找到放松的方法而不会感到紧张。

如果你大多数情况下选择"a"：你仍然在了解自己和了解什么让自己感到有压力的认识中。你将可能从本书中读到的重要方法中受益很多！

如果你大多数情况下选择"b"：你在稳步走在了解自己的道路上，但是你可能会从本书中学到更多关于自己压力源的知识，并且受益很多。

如果你大多数情况下选择"c"：你清楚地知道什么会让你感到有压力，更多的自我平静和解决压力的方法可能会对你有所帮助。

什么会让你感到高兴？

请花一点时间想一下，什么会让你感到高兴。你喜欢做哪些活动？你喜欢跟什么样的朋友聊天？你为自己具有什么样的本领或品质感到骄傲？你自己怎样休息放松？你做什么事情会让自己觉得舒服？你是如何自娱自乐的？

知道自己怎样玩耍、思考、行动和表现，是很重要的前提。这些信息会让你了解到，自己做什么和想什么会感到放松和压力变小。所以，请花一分钟时间，在单独的一页纸上写下让你感到高兴的活动和想法。当你需要放松、平静或者是陷入困境时，请回顾这张清单。

问自己七个问题

接下来，思考一下什么会让自己感到有压力。试着弄清楚自己的想法、感觉和行动是如何进行的。回答下列问题，将有助于你确定自己感到压力的原因和如何应对。

① 你能否确认自己什么时候有压力？还是需要别人指出来：你看起来"沮丧""生气"或者与平时不一样的表现？

② 你能否确认自己为什么有压力？你能否轻松补全这个句子："我感到有压力是因为……"？

③ 什么是你的压力触发源？也就是说，什么情况一再发生会让你感到自己有压力？

④ 压力是否曾毁掉你的快乐时光？困难的情况是否让你感到沮丧，从而无法真正享受快乐有趣的时间？

⑤ 当你感到难受时，你能说出你的感觉吗？

⑥ 别的孩子如何处理让你感到不舒服的情况？

⑦ 你采取了什么方法？你可以采取什么方法来处理生活中的压力？

现在，让我们通过接下来的几个环节来研究和思考你的回答。解开谜团和更好地了解你自己的时间到了！

你知道吗？

对自己的情绪和想法产生意识可能是培养韧性能力的重要一步。研究人员发现：当孩子们在自己喜爱的经历上花费时间时，他们会对自己的感觉了解更多，学到更健康的方法去应对自己的情绪。而且，他们甚至能学到调整自己的情绪来处理困难挑战的方法。换而言之，他们变得更加坚韧。所以，尽情地享受你正在做的事情，这会让你更坚韧！

Coholic, D.A. (2011). Exploring the feasibility and benefits of arts-based mindfulness-based practices with young people in need: Aiming to improve aspects of self-awareness and resilience. *Child Youth Care Forum*, 40, 303-317.

❶ 你能否确认自己什么时候有压力？

一旦你能很好地理解自己，确认自己是否有压力就会变得很容易。首先，回想一段时期——你能感受到某种强烈的感情但却不发生在平常的日子里。比如，可能是一场测验结束后的放松、对即将到来假期的高兴或者是因最爱的篮球队丢掉比赛的失落。答案没有对与错，只是有助于你去感觉自己在这一天里经历的情绪——与自己的"底线"是不同的。但是，你该如何确认自己有没有感受到压力？当你感受到压力时，会产生一些明显的行为，比如你会觉得不舒服或失望，这可以成为一条线索。比如，当你想握拳头敲打枕头时，身体是否会感到紧张？你是否很容易对别人发火？你是否会躲在自己房间里并且感到情绪低落？

一些有压力的共同表现包括以下几种：

☐ 睡眠习惯的改变——比平时睡得多或少；

- 饮食的改变——可能会比平常吃得多或少，或开始吃平常不吃的东西；
- 精力比平常多或少；
- 感到被误解；
- 集中注意力有困难；
- 大哭大叫；
- 自己心态的变化。

确认上述行为线索，能够帮你回顾和判定是什么首先让自己感到有压力的。

如果你没有意识到自己感到有压力时是如何行动的，就让熟知自己的人，比如你的父母、最好的朋友或者自己信赖的一位老师，让他们告诉你：当你紧张时他们注意到的你的行为表现。艾瑞卡的老师说，她经常注意到艾瑞卡在即将到来的考试前紧张地咬自己的下嘴唇，而艾瑞卡之前都不知道。孩子和成人经常通过肢体语言来辅助语言进行交流。你想借助肢体语言分享自己的什么秘密？

每个人感到或流露出的压力都不一样，重要的是如何确定你感受到压力。一旦你注意到自己感受到压力了，你就会采取处理措施——这是一个随着你变得坚韧起来的重要方法！

② 你能否确认自己为什么有压力？

你是否知道有很多种不同的压力？你感受到的压力可以是外部的、内部的，或者是内外共同作用的结果。外部压力的产生是因为你身边的情况、环境，比如当你打开电视了解到世界的某个地区正在发生战争，你不能阻止战争，但会因为战争造成的暴力和破坏而感到有压力。这种外部压力可能会让你感到害怕和焦虑，也许会因为对人类相互竞争而感到失望、变得对周围人生气和不耐烦。这些都是你有压力的表现。

内部压力是因为你自己内在的想法和行为产生的压力，因此你可以有很大的掌控，这种压力纯粹来自于你自己。比如，当你期望达到完美时，可能会对自己得到的高分却不是满分而生气，这就是所谓的内部压力。

有很多种情形可以导致内外共同作用的压力。比如，你在学年结束时没有得到学校的指导课程的奖励，而选修那门课程的朋友们却都得到了，你会因此而感到失落。外部压力——因周围情况而产生的——是你没有得奖，然而在这样的情形下，你也能感受到来自内部的压力：你可能会对自己没有强迫自己早点起床、好好听课而感到失望。

如果有一天，你发现自己的表现和感觉跟平常不一样，那就问问自己："我是不是感觉到压力了？是不是有些刚刚发生的事情让我感到有压力？"如果能确定哪些情形让你感到有压力，未来你就会更加充分地为类似的压力而做好准备。

❸ 什么是你的压力触发源？

有一些情形每次发生时可能总会让你感到有压力，这些被称为"压力触发源"。这意味着当这些情形发生时，你就有可能感到不舒服。确认你的压力触发源会让你提前计划并采取措施来帮助自己处理这些压力。

比如，你知道有些人会在外出度假前感到焦虑吗？他们也许喜欢旅游度假，但同时也担心自己的行李是否准备好、离开家门时会不会发现自己漏掉一些东西。有些人会在嘈杂的房间里感到不知所措，不能将注意力集中到家庭作业和平常喜欢的事情上。

所以，什么是你的压力触发源？你能想到哪些经常让你感受到压力的情形？同样的道理，了解它们会让你有所计划地进行应对。你也许想写下来自己的主要压力触发源，以便在以后的日子里回顾并采取一些将要学到的措施，帮助自己从坏情绪中恢复过来。

④ **压力是否曾毁掉你的快乐时光？**

你是否经历过这样的情形：明明很高兴却突然高兴不起来？也许正是压力毁了你的快乐时光。

布赖恩的故事

布赖恩是一个忙碌的十二岁的小男孩，他总是和朋友们在外玩耍，而且总是乐呵呵的。但是，有一天在棒球训练期间，教练发现布赖恩和平常不一样：看上去很生气，表现得却很平静。

教练问布赖恩是不是有烦心事，布赖恩耸了耸肩，诚实地说："我觉得心情不好。"布赖恩不知道自己为什么感到生气和难过，就在那天早上他还在数学考试中得了一个"A"，而且棒球训练也做得很好，这些让他感觉很高兴。

那天晚上，布赖恩还跟哥哥艾伦发生了争吵，因为布赖恩认为哥哥没有经过自己的允许就拿走了自己的iPad。正常情况下，这种事情不会让布赖恩烦恼。可是，那天晚上，布赖恩对着哥哥大声尖叫并且开始哭泣。就在那时，布赖恩终于明白自己为什么感到情绪低落了。正如他后来告诉爸爸的那样："我觉得自己心情不好的真正原因是哥哥艾伦考上了大学，到八月就要离开家了。我一直被这个念头困扰并担心着，我有点生气是因为哥哥要离开我了，有点悲伤是因为哥哥不会再像以前那样在家里，有点高兴是因为哥哥考上了自己喜欢的大学。"

一旦布赖恩确定了自己情绪低落的原因，他就可以马上试着去调整自己的情绪了。

你经历过情绪低落或烦心事比平时特别多的一天吗？

如果你是布赖恩，你会采取什么办法来应对压力？

想象一下，在你和朋友们吃午饭时，你们计划着在即将到来的新秀表演上应该穿戴的服装和演唱的歌曲，而你自己对表演也充满期待并且非常喜欢唱歌。可是，午饭后还有一场让自己担心能否通过的社会学研究考试。如果考试没通过，不仅你的父母会失望，而且你甚至不能达到自己需要进入的运动团队里的平均分。所以，你会感到很大的压力。这样，谁还会集中注意力，对吧？

实际上，对考前的紧张有很多种应对的方法。让我们来看一下，如果你只是注意到午饭期间你对即将到来的考试很有压力，那么，你还会有心情好好吃饭吗？如果你认为自己平时学习足够用功，那么你会让自己镇静下来，和朋友们一起放松，不被压力所打倒吗？

要变得坚韧起来，一个重要的因素就是你要学会更加充分地享受生活的快乐时光。一个人不坚韧，在困境中就会感到不知所措或是有压力，很难会感到快乐。你可能会发现自己被困住一会儿或者一整天，有的人还会持续更长时间。有一些显而易见的困难会让人很难立即恢复常态。随着时间的过去，坚韧能帮助人们慢慢地恢复常态，即便有一些困难时期永远不会被忘记，最终也会享受快乐。

⑤ 你能说出你的感觉吗？

找到合适的词语形容你正在经历的感觉，这是一个了解自己、与他人交流感想、让他人理解自己的重要方式，为什么这么说呢？因为这是应对压力的好方法！

一种办法是：将自己的感觉分为1~10个等级，其中，10是最强烈的。假设你生气时的反应程度是3，那么词语"恼怒"对你而言是合适的；如果你的反应程度是9，那么词语"愤怒"对你来说则更贴切。

比如，当一个朋友散布了一个对你来说不真实的谣言，你可能会怎么想？感觉会怎么样？如果你告诉你的朋友"昨天你在班里散布的谣言让我有点不舒服"，你的朋友可能认为这只是让你恼火而不是什么大不了的事。

现在，针对同样的事情，假如你告诉你的朋友"你觉得很愤怒而且感觉受到了莫大的侮辱"，你的朋友的反应肯定会很明显，对吧？为情绪寻找准确恰当的词语甚至可以帮你更好地了解自己！

❻ 别的孩子如何处理这样的情况？

注意看一下别的孩子如何应对充满压力的情况。他们是否会比你刚才处理特定的经历或问题更加轻松容易？如果他们在某些地方比你表现得更加坚韧，你不必沮丧难过。事实上，你可能会在其他方面比他们表现得更坚韧。

如果别人能够在让你感觉有压力的情况下找到解决的方法并快速恢复，那么这对你而言真是个好消息：你可以学习他们成功的处理经验！观察并学习！看看在自己感觉有压力的情况下，别人是如何应对的？

选出那些你感到压力大而别人解决起来却表现得很轻松和更坚韧的孩子，看看他们在做什么？是如何渡过难关的？你能否从中学到一些减轻压力的有效方法？

❼ 你采取了什么方法？

花一分钟时间问一下自己：准备用什么样的方法和策略来轻松应对压力。现在，到了为你提供更多方法和策略来渡过难关的时候了。

在以后的章节中你将会读到处理压力和变得更加坚韧的一些重要

方法，比如：积极的自言自语，放松身心和保持镇静的方法，以及寻求建议和指导。

在结束本章之前，请记住：耐心对提升自己的坚韧能力来说是很重要的。要成为一个坚韧的人不会发生在一夜之间，如果现在你清楚什么情况会让你感到有压力，知道如何表达自己受到的压力和受到压力的感受，那么你就正好走在如何解决压力的道路上了。耐心会让你专注地提升自己的坚韧能力。

关键点

- 确认你感到压力的原因，有助于你更好地了解自己和找到解决的方法。
- 知道自己的压力触发源对解决压力而言是重要的一步。
- 走出困境和应对压力时期能够让你享受更多的快乐时光。

总结

了解自己是很重要的——包括什么让你高兴放松和什么让你感到压力痛苦。本章提供的一些问题帮你更加清楚地弄明白什么让你感到生气恼怒。

你是否准备好要做更多的事情了？你是否知道即使不舒服的感觉（如生气和悲伤）也有好处？这些教会我们更好地认识自己。继续阅读吧，你会发现从自己的感觉和情绪中能学到更多！

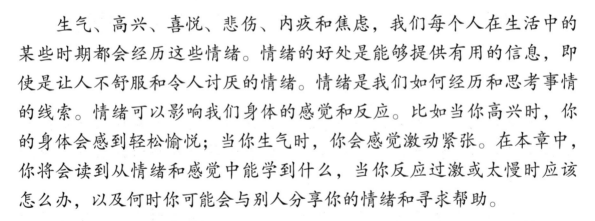

第三章
了解情绪

　　生气、高兴、喜悦、悲伤、内疚和焦虑，我们每个人在生活中的某些时期都会经历这些情绪。情绪的好处是能够提供有用的信息，即使是让人不舒服和令人讨厌的情绪。情绪是我们如何经历和思考事情的线索。情绪可以影响我们身体的感觉和反应。比如当你高兴时，你的身体会感到轻松愉悦；当你生气时，你会感觉激动紧张。在本章中，你将会读到从情绪和感觉中能学到什么，当你反应过激或太慢时应该怎么办，以及何时你可能会与别人分享你的情绪和寻求帮助。

　　在阅读本章的剩余部分之前，请花点时间做一下下面的测试，看看你对自己的情绪了解多少：

当我对人或事情失望、生气时，我通常会：

a. 感到内疚，因为生气不好。
b. 意识到自己生气了，但不知道该怎么办。
c. 知道自己生气了，也有办法解决。

当我感到烦恼、悲伤和生气时，我通常会：

a. 试图忽视，并希望它们尽快消失。
b. 哭喊着发泄出来。
c. 试着弄明白为什么会有这些感觉，以及应该如何应对。

当高兴、生气、悲伤和失望的感觉强烈时，我通常会：

a. 不知道为什么，也并不关注。
b. 意识到这些情绪，但不知道在开始感到不舒服时应该做什么。
c. 从情绪中得到学习，并通过情绪来更好地了解自己。

当我感到有压力时，我通常会：

a. 不去关注，也不让别人知道。
b. 反应强烈，比如与别人争吵或者变得焦虑。
c. 意识到自己有压力，知道什么时候自己能解决、什么时候需要
   寻求帮助。

当我思考情绪的作用时，我：

a. 认为情绪和感觉令人烦恼，希望自己只是想想而不是变得情
   绪化。
b. 喜欢一些高兴的情绪，不想感受那些悲伤的情绪。

c. 知道所有的情绪只是提醒和帮助我如何应对自己、他人和某种情况的发生。

如果你大多数情况下选择"a"：你可能不喜欢关注自己的情绪并且试图忽视它们。更多地了解你的情绪和感觉，将有助于你找到处理情绪的方法，并且在生活充满压力时能够快速恢复。

如果你大多数情况下选择"b"：你经常可以意识到自己的情绪，但并不是总能确定应该采取什么方法来处理艰难的时期。

如果你大多数情况下选择"c"：你经常可以意识到自己的情绪，并有能力了解它们。继续阅读本章，你将会学到更多。

为什么每个人都有情绪？

情绪给了我们喜爱、自信和享受的体验机会。如果没有情绪，人类可能就会变得像机器一样！情绪教会我们在什么状态下感觉好，什么状态下感觉糟，我们喜欢什么以及不喜欢什么。

想象一下，假如你从未体验过生气、悲伤和焦虑，听起来很好，对吧？但是如果你从未有过上述情绪，那么你将永远不会知道自己何时有压力（或身处危险之中）。不舒服的情绪（如担心和生气）是有用的，因为它们能警示你什么时候感受到压力或情绪低落。一旦你能觉察到这一点，你就会更加努力地去改善你目前或你想象的处境。

从自己的情绪中你能学到什么?

情绪之所以重要是因为它们能教会我们认识自我。当你意识到自己的感觉后,在未来你面对同样的情形时,你可以确认能否以及采取什么措施来改变现状。比如,艾达记得自己四年级时因为没有读书却猜想故事内容与图书的封面照片有关,结果读书报告得了一个"F"。现在他承认:"我讨厌得那个'F',我当时都快气疯了,也很担心让父母和老师失望。我再也不想得那样的分数了。有时,当我不想学习和做功课时,我就会想起自己的坏心情,它能提醒我继续努力学习。"

你是否从自己的某种感觉中学到了什么?沮丧失望的情绪的确能警示你避免它们再次发生!只要你注意去体会自己的感觉,你就可以在未来学会如何处理相似的情形,并将自己的烦恼感降到最低。

情绪能告诉你什么?一旦你确定了自己的感觉后,请试着回答下列问题:

- 我舒服吗?
- 如果舒服,我该怎么继续保持这种感觉?
- 如果不舒服,我能否做一些事情来改变导致我产生这种感觉的情形?

如果你用心去体会自己的情绪和感觉,那么你就可以决定:是继续目前的行动,还是立刻改变,寻求帮助,或者采取措施以渡过艰难时期,比如课堂测验。即使你不能改变现状,你也可以改变自己应对的方式和处理措施。

人们对自己的行为有很强的控制力,但在某些情况下可能会失控。

比如当你参加的某项比赛没有获奖，而你最好朋友的艺术作品却得了第一名，你会怎么办？很显然，你无法改变事实，你可能会对朋友生气，因为你觉得自己应该获奖。你可能会大哭，甚至会因为太嫉妒和生气而与朋友断绝关系。但是，这些行为都不会让你的失望消失，对吧？一些行为甚至会让你的情绪更坏！取而代之的是，你可以做一些让你感觉舒服的事情，比如：

- 和父母或其他大人分享你的烦恼；
- 记住：这次比赛的失利并不意味着你是个失败者；
- 为自己能参与比赛而庆贺；
- 祝贺你的朋友；
- 寻求朋友或艺术老师的指点；
- 对自己在艺术作品上的能力和投入保持自信。

上述做法能够帮你正确处理比赛的失利，而且还会让你变得更坚韧！

玛丽萨的故事

玛丽萨想加入流行少女的行列，她开始像她们那样穿着打扮，和其中一个女孩在考试中作弊。不止如此，玛丽萨还与她们一起行动，比如在班里捉弄新人。这样，玛丽萨逐渐被她们认可接受。

可是，一天晚上，玛丽萨睡不着了。她告诉妈妈："我很难过，但我不知道怎么回事，按理说我被新群体的朋友们接受应该感到高兴。"最终，玛丽萨认识到，她的烦恼是因为自己的行为——嘲笑别人、不自在的打扮穿着方式以及在考试中与别人作弊——而难过。后来，当改变自己的行为后，她开始变得高兴起来。

玛丽萨的情绪是如何帮助她认识自己的处境的？

你是否有过类似的经历？

如果有过，你是如何处理自己的情绪和处境的？

你面临的困难是哪种类型的？

你是否知道你产生压力的原因，是因为一个严重的情况，还是一些自己感觉重要其实很微不足道的事情？当你尝试确定自己面临的困难或问题时，可以将它们想象成鹅卵石、小石块、大石块和巨石，有时是有帮助的。

想象一下，自己和朋友们在攀登一座山峰，你身边充满了欢声笑语。突然，你看到地上有一块鹅卵石，你会怎么办？你会停止谈笑，对继续前行充满压力吗？绝对不会！一块鹅卵石太小了，你甚至都不会在意它。类似地，你在处理生活中的某些情况时也感觉不到压力，那么这些就是所谓的"鹅卵石时间"。

现在，想象着继续和朋友们在山路上行走，当你遇到一个小石块时，你也许会想：把它处理掉！然后继续前行，你可能会把它踢到路边。或者你会想：现在已经有了小石块，如果后面出现大石块，我能否爬上去？这种想法被称为"预先焦虑"——对可能发生事情的担心。有时你会为可能发生的事情担心，但停下来想一下，你面对的问题其实是一件小事。如果有更大的问题发生，你可以用本书后面讲述的方法来应对。

如果正在爬山的你遇到一个大石块，有两英尺（约60厘米）那么宽——比你双手交叉环抱起来还要大一点——这也许会成为你前行的障碍，并且会被你注意。一些人会避开这个大石块，继续走山路的其他部分；一些人会尝试翻越或推开它，继续前行。同样地，生活中的有些问题就像这个大石块：是困难，但你也有解决问题的办法。

假如有巨石阻挡了整条路，你该怎么办？当然，你和朋友们都会认为这是前行的障碍！你需要开动脑筋去找到爬上巨石、翻越巨石的方法，或者找到抵达目的地（或目标）的其他方法。开动脑筋、找出办法是解决困难的有效手段和变得坚韧的一种技能。

现在，试着确认一下你面临的压力状态是鹅卵石、小石块、大石块，还是一块巨石。有时，孩子们刚开始认为困难是一块巨石，但稍加考虑后，他们就发现实际上的问题是一个烦人的大石块。记住这个关键问题："现状是有点小问题或是存在大问题，还是根本没问题？"

小问题——中小类型的石块——可能你会有所行动，但经过考虑之后也觉得并不是什么大不了的事，比如有一天体育课的排球比赛中没有和好朋友安排在同一支队里。一旦学着变得坚韧起来，你就可以忍受短暂的烦恼和失望，因为你知道自己可以快速地克服它们。

大问题——巨石——是你自己无法处理的事情，或者对你有更加长期的影响。比如，在学校受到欺负、自己的一位家长失业以及某位家庭成员患有严重的疾病，但即使是坚韧的人面对此类事件的处理时也需要寻求别人的支持。虽然处理这些困难事件的方法和策略很重要，但严重的情形可能也需要更多的时间去处理。一旦你知道自己面对的困难有多严重，你就可以确定自己应该采取什么办法来解决困难。

你是反应过度还是反应不足？

有时大家会认为某人对特定情况"反应过度"，有时大家又觉得另一个人根本没有反应。所以，我们的情绪感拥有多少是合适的呢？

一些人反应强烈，因为这样可以让他们避免做某些事情，也可能是因为他们故意吸引别人注意。一些人仅仅是因为他们的情绪神经绷得太紧了，有时候甚至会被自己吓倒。还有一些人会牢牢掌控自己的情绪，他们悲伤烦恼时也不会流露出来。

萨曼瑟是一个反应不足的女孩，她将自己的情绪感觉掩藏起来，因此没有人知道她对父母的离婚有什么反应。萨曼瑟认为装作没什么让自己感到烦恼，可以赢得别人的赞赏和尊敬。你觉得这个想法怎么样？坚韧，并且在艰难时期也要积极向上，并不意味着让你表现得没什么让自己感到烦恼。

因此，怎么能知道自己在面对压力时的反应是否合适？下面是一种快速训练的方法：

❶ 在1~10之间（其中，10是最强烈的压力），列出不同情形的压力等级。有些特别严重的，比如危及生命的疾病，是10。这也是巨石级别的问题！

❷ 在1~10之间（其中，10是最高等级的烦恼），列出不同情形的烦恼等级。悲痛欲绝、无法应对和不知所措，都是最高等级的描述。

❸ 现在，比较一下你在第1步和第2步的两组数据。如果它们相近，那么就可以认为你的情绪反应与压力情形相当。

如果两组数据不相近，你该怎么办？如果你的烦恼情绪等级高于压力等级，也许你就是对情况反应过度。

如果你是一个反应过度的人，你也许会觉得自己正在经历痛苦，而且认为自己面临的情形太坏或困难太大而无法应对。如果你认为这是在描述你自己，那么你也就知道这同样也描述了很多别人的想法，而且这也能帮助你培养自己的坚韧力。

如果你是一个反应过度的人，看一看下面的建议能否帮助到你：

☐ 提醒自己：情况不会差到夺取自己的性命（如果会，立即向大人求助！）。

☐ 运用自言自语（将会在第四章学习）。

☐ 运用自我镇静的方法（将会在第五章学习）。

☐ 观察别的孩子，看他们怎么应对压力。

☐ 询问大人他们以前怎么处理类似的事情。

如果你是一个反应不足的人，知道下列事项很重要：

- 承认有不愉快的情绪并不意味着自己软弱。
- 承认烦恼和困难，至少自己明白，可以让你采取措施能够处理和快速恢复常态。
- 情绪的影响力很大。如果你不谈论或者至少了解它们，你就无法知道情绪如何影响你的行为、睡眠方式和功课。
- 坚韧并不意味着永远不会难受、崩溃、悲伤和生气，它的意思是我们可以意识到情绪，并找到正确对待的方法。

坚韧的人有时也会感到不知所措，会试图掩藏或忘记不愉快的情绪，但他们都有很强的自我意识，最终能针对自己强烈和过度的情绪采取正确的办法来应对。很多坚韧的人认识到自己通常能够应对各种压力，但知道何时向别人求助也是个人情绪控制力的一个标志。

你知道吗？

在两个研究者回顾男孩和女孩表露情绪的研究时，他们发现，女孩表露的正面情绪包括"伤心、害怕、同情和羞愧"比男孩多。年龄小的男孩比同龄的女孩更多地表露出生气的情绪，但是在青少年时期情况恰好相反。这是否意味着男孩倾向于反应不足、女孩倾向于反应过度？一点也不！上述现象只是提醒我们：与别人交谈和咨询的方法胜过自己瞎猜。一个男孩和一个女孩，两个女孩，或者两个男孩，甚至可能拥有几乎相同的情绪，但他们的表现却大不相同。

Chaplin, T.M. & Aldao, A. (2013). Gender differences in emotion expression in childhood: A meta-analytic review. *Psychological Bulletin*, 139(4), 735-765.

什么时候可以依靠别人？

如果你正经历着不愉快的情绪，你也许不知道什么时候向大人求助和什么时候自己处理。以下是处理困难情形的四种常见做法：

1. 让大人去稳定情形或处理困难。
2. 向大人求助，指导自己如何处理情况。
3. 自己确认如何处理情况，因为自信可以自主解决。
4. 既不做也不说，希望困难自己消失。

做下面的快速测试：想一下自己碰到相应的情况会怎么办，并从上面的四个选项中选择相应的行动。

- 你感到恐惧和耻辱，因为每天在学校都被一个坏小子恐吓、嘲笑和踢打，即使你试着告诉他不要这样做。

- 你感到焦虑和崩溃，因为同一个晚上既需要温习备考还要进行足球训练。

- 你感到伤心和难过，因为你的朋友在学校里又有了新伙伴，她不再经常和你在一起玩耍。

你的答案是什么？如果你被欺负了，或者无论何时觉得自己身处险境，选择选项1：求助！大人可以给你建议，而且有时欺凌会停止，但大多数时候需要大人介入来确保你的安全。如果你在同一个晚上既需要学习也需要足球训练，你可以向大人求助通常的建议吗？如果你认为自己可以解决问题，那就试一下！

在最后一个事例中，如果你的朋友和新伙伴一起玩而冷落了你，你可以选择选项3，并且跟你的朋友交流你的感觉吗？即使你的朋友没有给你想要的答案，你会对自己尝试着弄明白事情而感到骄傲。之后，你可以决定是否需要或者想要向大人求助。

花一分钟时间想一下，什么时候向别人求助、什么时候自己解决问题。大人有时可以解决你的问题，但如果你总是让大人关心你遇到的麻烦，你将永远学不会如何自己应对压力。

相反，如果你从来没有得到过大人们的帮助，你也不会得到从他们的经验和建设性意见学习的机会。当你感觉不舒服时，请记得以前读过的1~10等级排列策略！

卡罗琳的故事

卡罗琳知道如果她在家里哭诉自己在学校发生的事情，妈妈会立即打电话给学校处理情况。卡罗琳的妈妈曾经打电话给校长，抱怨老师用一种毫无意义的方式讲解数学课。

对妈妈想让她更快乐和减少压力的想法，卡罗琳感到很高兴，但是卡罗琳从没有机会在妈妈介入前自主地理解数学课。于是，在接下来的一个月里，卡罗琳没有理解一节自然科学课，她甚至都不想向老师或同学求助，因为她知道妈妈会通过打电话照顾自己的一切，并且问到自己需要的信息。卡罗琳没有意识到：自己本可以通过和老师交流以及弄清楚自然科学课和家庭作业来自主处理情况。

在告诉妈妈之前，卡罗琳还可以做些什么来帮助自己理解自然科学课？

对可以自己解决的问题，你是否依赖过父母？如果依赖过，结果怎样？

在本章中，如果你是8~10岁的年龄，情绪化的不愉快容易导致压力的倍增，这时候你就应该多跟大人聊聊。你也可以决定是向大人寻求建议，还是自己处理，或者是让大人介入并以行动来支持自己。

关键点

- 情绪帮助我们对自己了解得更多！
- 你既可以依靠自己，也可以信赖别人。
- 学习接受自己的情绪是变得坚韧的重要一步。

总结

本章揭露了这样一个事实：情绪可以成为了解自己、了解怎样应对某种情况或行动的一个向导。一些人可能会发现自己反应不足或反应过度。有时，即使坚韧的人也能从向他人求助中获益，尽管如此，有一些情况你也可以试着自己去解决。

一些情绪经历起来并不那么舒服，那么，我们应该怎么办？在下一章中，你将学到处理不愉快情绪的一种重要方法：自我对话。

第四章

自我对话

　　坚韧的人会运用很多策略和方法来克服困难和渡过艰难时期。你也可以学习掌握如何运用这些方法，其中一种最强大的手段就是自我对话，即所谓的"自言自语"。

　　首先，让我们花一分钟时间来看一下你对"自言自语"的了解有多少：

当有人告诉我可以自言自语，也就是自己跟自己说话时，我：

a. 不知道这是什么意思。

b. 知道自我对话可以帮助人感觉轻松，但不知道怎么做。

c. 知道自我对话能帮助自己，希望找到更多的方法来运用它，从而成为一个坚韧的人。

当我想建立自信时，我：

a. 不知道该对自己说什么。

b. 坚决不说一些消极的话，比如"蠢货"。

c. 对自己说一些高兴的话，就像跟朋友聊天一样。

当我在尝试新活动而犯错误时，我会：

a. 放弃，而且永远不会再做那项活动。

b. 感到尴尬，但会试着克服它。

c. 提醒自己犯错也是学习的一部分，并且继续尝试。

当我想达到某个目标时，我：

a. 对自己说一些诸如"我不行""我不想"等的话。

b. 只是一味地希望事情会解决。

c. 鼓励自己努力工作和不断练习，从而可以达到自己的目标。

在有压力的情况下，我多久进行自我对话？

a. 从来没有。

b. 有时会。

c. 经常。

如果你大多数情况下选择"a"：看上去你还没有用过自我对话。继续阅读，你会发现自言自语的价值以及它如何让你变得更坚韧。

如果你大多数情况下选择"b"：你已经开始使用自我对话。继续阅读，你会从中学到更多帮助你的知识。

如果你大多数情况下选择"c"：祝贺你！你已经在掌握和运用自我对

话，让自己变得更坚韧的道路上了。在本章中，你可能会发现更多关于如何运用自我对话的观点。

自言自语

自言自语有两种截然不同的方式：有益的和无益的。有益的自言自语能够给你勇气、坚韧和安慰，无益的自言自语会让你更加烦恼和心理负担加重。

有益的自言自语，类似于跟朋友聊天时帮助他们感觉更加轻松。比如，你的朋友因为自行车比赛得了第五名而情绪低落，你可能会这样说："你今天真是不容易啊，平时骑车要比今天快得多，可能是身体累了。或许你可以跟教练聊聊，看看今天是怎么回事儿。"这样可以帮到你的朋友吗？很有可能。你既没有责备其他选手，也没有评判朋友的骑车水平，而且还给了她一条可能有用的建议——跟教练交流——可能会有帮助。

现在，假设你这样说："你今天真是糟透了，我想你也发现自己不能跟那些好车手相比了吧，放弃吧！"你的朋友可能会因你的话而感到灰心沮丧和更强烈的挫败感。这就是无益的对话。很多人会以这种方式自言自语，甚至用刺耳难听的话说自己，比如"失败者""笨蛋"。无益的自言自语不会帮你获得战胜挑战的信心，只会让你更失败。

幸运的是，如果你想的话，有益的自言自语就可以摆脱无益的自言自语的影响。这就像你内心里的两种对话打架。在托尼打网球的第一天，他感到很沮丧，因为当他打不中时，球就直接越网飞到队友那里。这让他感到自己是个失败者，直到他运用了有益的自言自语后才得以改变。下面让我们看看他的内心想法（心理的自我对话）：

无益的自言自语："我真是个失败者，总是丢球或打的球不过网，我再也不玩了。"

有益的自言自语："总体来说不错，你的确丢了很多球，但这毕竟是你第一次打网球。祝贺你，你有勇气来打网球。"

无益的自言自语："我打赌其他孩子也认为我是个失败者，甚至他们第一天学习时都比我打得要好得多。"

有益的自言自语："大家都在专注地打自己的球，没人会在意你的丢球。如果你笑着跟别人说这是自己第一次打网球，并且希望得到大家的帮助，大部分孩子不会嘲笑你。"

无益的自言自语："但是假如有人嘲笑，我该怎么办？"

有益的自言自语："你是因为自己感觉不好不去，还是因为有人笑话你而不去打球？"

最终，无益的自言自语："好吧，说得没错！"

现在明白有益的自言自语是如何像一位有益的朋友发挥作用了吧？尝试一下！刚开始做可能会因为不得要领而感觉到有点不容易，而一旦你抓住要领，它可以成为一种自我感觉或者对自己的错误和自己处理压力的能力，感觉更好的非常强大的手段。

下面是一些鼓励性的语句，当你用有益的自言自语时告诉自己：

- 大多数错误不会改变你的整个人生轨迹。
- 错误能成为学习的机会。
- 人无完人，即使奥运冠军也不是时刻都很完美。
- 只要有勇气去应对困难和挑战，你已经在变得坚韧的道路上了。
- 压力让人难受，但是总有办法去解决，或者自己，或者有别人的支持和指导。

当你自我对话时，运用"我能""我能尝试"或"我会""我会尝试"会帮助你很多，而说"我不能""我不想尝试"则会起到反作用。让你的自我对话实际些，有时你对自己说的话会让你感觉不错，但可能不是事实或现实。比如，你可以对自己说："我会成为一名NBA的球员。即使我不练习自由球都没关系，我坚信我会成为NBA球队的一名球星！"事实上，不论你对自己说什么，不练习根本不会对你有任何帮助！所以，要勤奋努力，要专注于实际的目标，并且运用自我对话的方法来激励自己。

注意！自我对话的陷阱

实际的、有益的自言自语能够帮你专注于自己的能力、想到可用的弥补方案或者其他可以尝试的办法，也可以让你开动脑筋想到渡过艰难时期的办法，从而增强自己的坚韧力。自言自语可以帮你回忆起以前经历的不愉快，从而能够解决类似的难题。

莉娜的故事

莉娜想让自己擅长所有的理科，那样的话，她就可以考入医学院成为一名医生。可是，当她发现自己没有进入生物科目的好班时，她就对自己说："我真是太失败了，有些根本不想当医生的朋友都进了好班，但是我却没进去。我觉得我不会当医生了，我真是有些笨。"

莉娜和学校的辅导员交流后，辅导员帮莉娜转变了态度。莉娜对自己说："没能进生物科目的好班，我很失望。我想是因为今年自己对学习不够重视，所以才导致考试的成绩不好。如果我努力学习，我就会考出好成绩。如果我能在学校的成绩很高，那么我就可以进入一个好大学。如果我能进入一个好大学，我仍然可以考虑在医学院学习！"

莉娜在确认怎样使用实际的、有益的自言自语后，学习更加刻苦了。

你认为莉娜使用的无益的自言自语让她感觉如何？后来使用有益的自言自语呢？

你有过和莉娜相似的感觉吗？

如果有过，你是怎么做的？

在自我对话时，有一些经常遇到的陷阱需要小心，免得被困住。对照下面的例子，想一下自己是否也因为这些思维方式而陷入困境。

极端化思维

极端化思维的意思是考虑任何事情不是太好就是太坏，或者没有让人满意的事。一个追求完美的人有时会被这种思维所困，什么事情不是太美好就是太糟糕。

汉娜就是这样：当她知道数学考试"只得了96分"后感到很沮丧，她的注意力全放在自己没得满分而丢掉分数的原因上。在学会怎么运用有益的自言自语后，她的想法开始发生变化。她解释说："现在我在意自己考试得了96分而不是满分的事实，是对的。我也跟老师谈了自己的失误，明白自己答错两道题的原因了。我对自己的考试成绩和弄清楚丢分的原因都感到很满意。"汉娜最终对自己的考试成绩和清楚失误的后续行为感到很满意。

因噎（yē）废食

任何人都会犯错。当你在学习新事物甚至在日常生活中，都有可能犯错误。你记得自己犯过的错误吗？有些人犯错后就不做同样的事情了，认为这样就能保证同样的错误不会在未来发生。这些人不懂得尽快恢复自我，坚韧的人却知道对待错误的正确方法，所以他们不会"因噎废食"。

麦克斯决定去参加一个冰滑聚会，即便他以前从未滑过冰，甚至连系冰鞋都得要人帮忙。踏上冰面后的第一步，他就摔倒了。但是，麦克斯既没有感到羞愧也没有让这个错误毁掉自己的聚会，他笑着说："我觉得自己应该在屁股上装一个保险杠。"朋友们笑起来，但却不是嘲笑，扶他站起来后给了他一些保持平衡的提示。就这样，麦克斯过了一个十分开心的聚会。

当你面对挑战时，能否把它们看成是探险？你能笑着面对错误吗？你能享受探险或某种经历吗？

对待自己比对待朋友苛刻

事实上很多人都没有意识到，他们对待朋友要比对待自己更好。很多孩子对因为没考好而伤心或者比赛期间掉队的朋友都很支持，他们不仅会鼓励朋友寻求他人帮助，回顾考试题目，继续练习提高，也会提醒朋友：一次考试不好或者比赛掉队并不意味着自己笨或蠢。但有时孩子们却这样定义自己，他们忘记了要对自己好点。索菲亚进入了学校的拼字决赛，在决赛那天，她和其他决赛对手站在台上被同学观看时，她非常紧张。轮到索菲亚开始拼字时，她犯了一个错误，从而成为第一个被淘汰的人。那天之后，索菲亚和一个朋友说："难以相信我竟然拼错了那个单词，它一点也不难。我真是个笨蛋，我还是第一个被淘汰出局的人。我再不也参加拼字比赛了！真是太尴尬了！"

整个下午，索菲亚都没有好心情。直到那天傍晚，索菲亚的姐姐告诉她不要对自己太严苛了，因为索菲亚对朋友都不会那样。最终，索菲亚改变了自己对拼字比赛的看法。她说："事实是我进入了决赛，而且这是第一次！我应该对此感到骄傲。我是一个好的拼字能手。下次，我要在脱口而出之前再多花点时间考虑一下，我不是非赢不可，我只要做到自己的最好就行。"

你是否也掉入"对朋友胜过自己"的思维陷阱之中？下次如果你再对自己的行为或抗压能力失望，想象一下你在帮助宽慰朋友时会怎么说。然后，把这些话讲给自己。这就是跳出此类思维陷阱的好方法！

夸大感觉

你是否用过极其夸张的语言或者将一个小石块看成巨石而被完全吓倒？这里有一个例子："吃自助餐时，我觉得所有人都看到我吃漏嘴了，这让我觉得很羞愧。我再也不去那儿了。别的孩子肯定都觉得我的协调能力不强。我的社会生活全毁了，我真是个木头人，太让人沮丧了。"事情真有这么严重吗？将问题看得比现实大得多就是夸大情况，增加孩子的紧张情绪。

让我们把安娜的无益思考变成有益的自言自语。安娜告诉妈妈说："如果黑管演奏不得第一，我会死的。"真的吗？其实，她可以这样想："我知道乐队的黑管演奏中只有一人能当首席演奏者，我会不断练习来提高自己的演奏水平。我仍然还想做第一，但我知道自己进步了也会感到很高兴。"

现在花点时间想一下：自己是否有过夸大情况的严重性而让自己情绪很紧张的经历。如果有，请用有益的自言自语替代无益的自言自语，一旦你意识到情况并非自己起初担心的那样可怕，有益的自言自语可以帮助你处理相应的情况。

认为等候是精神折磨

在排长队等候时，你是否有过待在那儿烦躁、痛苦的感觉？耐心等候是一项需要学习的重要本领。不要因为排队麻烦而觉得等候就等于折磨，试着用有益的自言自语。

这是科林用有益的自言自语之后的变化："等候是无趣的，但是我可以想一些高兴的事，比如我的生日聚会，想一下聚会应该举办成什么样子以及谁会来参加。这可以让等候时的感觉好些，现在我发现有的等候是自己的思考时间。"

认为自己永远是第一，掌声属于自己

很多人喜欢赢得比赛，在某方面强过或胜过别人，或者被别人认可是优秀的。被表扬的感觉很好，但是你是否真的需要？如果你努力了，但在功课、体育或别的方面却不是最好的，你该怎么办？

莉齐喜欢在学校完成活动后被大家称赞和欢呼鼓掌，特别是她以第一名的成绩完成学校的一英里（约1600米）赛跑后，她可以尽情享受。但是，莉齐今年的赛跑成绩是第四名，没有获奖。只有家人和最好的朋友祝贺了她。

刚开始，莉齐进行了无益的自言自语，她说："没人真心祝贺。我都没有得奖，我不是第一，我没有去年跑得快。我想放弃跑步，如果不能赢，那就没意思了。"

莉齐跟父母、教练和最好的朋友谈到了赛跑后自己的挫折感。教练教给她用有益的自言自语。最终，莉齐接受了自己是个好选手、她喜欢跑步但不会总赢的事实："没人老是得第一。但如果我总能做最好的自己，那么即使没有别人的鼓掌喝彩，我也能骄傲地站在镜子前以自己为荣。"

因此，如果你总期望自己完美、争得第一、获得掌声喝彩，这将会给自己造成巨大的压力。而且，这也是不现实的。这不是坏事，而是一件好事！让自己的期望目标实际些，可以减少压力，免得自己感觉必须得第一和获得众人的认可。

你知道吗？

你听说过"情商"一词吗？关于它有很多不同的定义，但被认为有情商的人基本上能做到：调整情绪，努力达到目标，遇到问题会找到健康有益的解决方式。你符合上述描述吗？你知道研究人员发现自我对话可以提高情商吗？所以，为什么不试一下？

Depape, A.R., Hakin-Larson, J., Voelker, S., Page, S., & Jackson, D.L. (2006). Self-talk and emotional intelligence in university students. *Canadian Journal of Behavioural Science*, 38(3), 250-260.

自我对话的角色扮演

自我对话对我们有帮助的另外一条途径是：在我们实际面临问题之前，就可以帮助我们在处理情况前进行角色扮演。即使你只有一个人，也可以进行角色扮演对话。

有时你可能想要或者需要与别人进行一场不太轻松的对话，也许是你感到被朋友抛弃，或者是父母想要你学萨克斯管而你决定学黑管。无论是与别人进行可能产生情绪的对话，还是仅仅表达清楚自己的观点，对自己练习对话的内容都是有帮助的。

在家里试着对着镜子把想告诉别人的话说一次。记住：

- 要有礼貌。
- 要清楚自己的感觉，但不要假设你知道别人怎么想。
- 要避免指责或恐吓别人。
- 最后要总结出一个让自己都积极向上或尽快从现在生活中恢复起来的建议。

通过自我对话练习，能够帮你熟悉要对别人说的话，并在以后轻松自信地讲出来，同时也能帮你应对压力、克服困难，从而变得更坚韧！

关键点

- 有益的自言自语可以让你变得坚韧，无益的自言自语就是为难自己。
- 有益的自言自语可以帮助你感觉更好。
- 你可以通过自我对话演练感觉困难的对话。

总结

在本章里，你读到有益的自言自语的好处：帮助自己、支持自己，了解到自我对话怎么让你变得坚韧。最后，通过自我对话帮助演练自己想要或需要与别人进行的对话。

自我对话仅仅是让自己变得坚韧起来的一块建设性基石，在下面的章节中，你将会学到更多即使生活艰难也能让自己走出困境的方法。

第五章
自我平静

当你想尽力参加一次考试或者集中注意力学习新知识时，却感到非常的焦虑、悲伤和抓狂，你曾经有过这种感觉吗？你的情绪妨碍了自己，对吧？在自己极端情绪化或压力很大的情况下，再去应对考试和学习新知识，就会感到特别艰难。但是只要你平静下来，你就会发现自己能够轻松地面对、处理和解决困难或挑战。在本章中，你将会读到让自己平静下来的方法，从而学会掌握自己的情绪。学习自我平静的方法是变得坚韧的重要内容，并且能帮助你解决问题！

首先，花一点时间看一下你对自我平静的方法掌握了多少：

当我感到压力特别大和情绪化时，我：

a. 没有感觉。

b. 知道自己有很大的压力和情绪化，但不知道该怎么办。

c. 意识到自己强烈的情绪，知道怎样让自己放松和平静下来。

一旦我平静下来，我：

a. 仍然很难找到解决问题的方法。

b. 可以跟父母交流如何处理一些困难的情况。

c. 有很多应对自己生活中挑战的方法。

谈到呼吸，我：

a. 不知道用呼吸可以帮助自己平静下来。

b. 知道当我紧张时不要屏住呼吸的重要性。

c. 知道科学的呼吸方法可以帮助自己平静下来。

当我想要平静下来，我：

a. 试着不去想自己生活中的压力。

b. 有一个办法，和父母交流，他们可以帮助我。

c. 因时因地采取不同的策略，让自己平静下来。

如果有人告诉我可以用自己的想象、回忆和意念让自己平静下来，我：

a. 不知道该怎么做。

b. 试着去做，但恐怕自己真的不知道该怎么做。

c. 跟自己说话（自言自语），把注意力放在美好的回忆上，用自己的想象力展现一幅自己希望出现的画面。

如果你大多数情况下选择"a"：你可能还在努力寻找让自己平静下来和解决问题的方法。继续阅读，你会发现有用的方法。

如果你大多数情况下选择"b"：你已经有一些处理压力的方法，但如果你想让自己平静下来，拥有很多的方法总能帮得到你。

如果你大多数情况下选择"c"：你使用了很多自我平静的方法，正走在让自己变得坚韧的路上。继续阅读，你将会学到更多。

自我平静的方法

简单地讲，当你平静时，就有可能轻易地找到产生压力的原因和解决问题的办法。有很多不同的方法可以让人平静下来。有些孩子通过运动消耗大量能量来使自己镇静，有些孩子可能会静坐沉思来放松思想，也有些孩子将和父母或朋友交谈作为最好的镇静方法。你需要亲身体验一下才能知道自己适合哪种方法。

在你阅读各种镇静方法时，每一种都尝试一下，然后记录下来对自己最有效的方法。这样在你感到烦恼时，就知道要使用哪种方法了。

记注：一旦自己平静下来，你就可以更加轻松地想到解决问题的办法！下面是一些可能会帮你平静下来的提示。

呼吸训练

你知道呼吸能强化自己烦恼的情绪或者让自己变得镇静吗？这是

真的！

大多数人的呼吸在无意间会发生变化。想象一下，当你打开壁橱时，有人突然从里面跳了出来，你可能会因为吃惊而猛吸一大口气。你没意识到自己做了什么，但你的确做了。

高兴和平静时，你的呼吸均匀稳定。呼、吸，进、出，身体控制着氧气的吸入量和二氧化碳的排放。紧张和焦虑时，你的身体会行动起来准备应对危险：是否战斗、逃跑或站立不动。这种身体的机能反应就是所谓的"战斗、逃跑或停滞"反应，身体的这种反应会让你的呼吸特别快，甚至会忘记呼吸。

你可以学习如何放松地呼吸，通过身体的放松来更好地应对生活中的压力。当你感到压力时，试着做下面的练习：

❶ 用鼻子慢慢地把空气吸进肺里，就好像在缓缓地吸入刚烘焙好的面包或自己喜欢的美食的味道，但不要急速呼吸。

❷ 屏住呼吸，慢慢地数三个数。

❸ 慢慢地用嘴呼出空气，就像自己轻轻地将一只羽毛吹离你的书桌那样。

重复几次上述的步骤，直到自己能继续平静地呼吸，同时开始考虑应对压力的方法并尽快恢复。当然，如果遇到让自己头晕的事情，就可以直接跳过本方法——还有许多别的方法。

杰克的故事

杰克在班里进行口头演讲时总是感到很焦虑，他告诉老师："我觉得自己换不过气来，总是试图一口气把所有的事情快速说完。我知道怎样说话和呼吸，生活中也一直在做，但站在整个班面前，就不会了。"老师帮助杰克回顾了他的演讲，练习了停顿（或呼吸）之前应该说多少话。

杰克在自己的便条卡片上画了几个橙色的大圆点，以提醒自己在句子结束的地方停顿并进行必要的呼吸。猜猜怎么样？起作用了！事后，杰克说："这是我第一次感到自己不会因为缺氧而死。我在每句话之后都呼吸了。"杰克知道自己已经可以处理这类压力了，变得更加坚韧了！

另一方面，楚瑟在烦恼或焦虑时会呼吸很快。她解释说："当西班牙语老师告诉我们将要有一场考试时，我就开始慌乱了。我觉得自己会不及格，呼吸开始急促，思绪飞转，'不，不，我该怎么办？'"呼吸太快又加强了她身体的紧张、情绪的焦虑和应对压力的无力感。

你觉得杰克在便条卡片上做提醒的主意怎么样？

楚瑟在呼吸太快时怎样做才能平静下来？

你有过与杰克或楚瑟类似的感觉吗？

体育锻炼

有些人觉得自己在锻炼后能更好地克服困难和渡过艰难时光。人类的大脑内部有帮助让人感觉舒服的化学物质，比如内啡肽，有助于我们减轻疼痛和缓解压力。你曾经有过跑步时"大脑空白"和之后感觉轻松的经历吗？这就是你大脑内部的内啡肽在起作用！

并不是所有人都喜欢跑步。如果你不喜欢跑步，想一下自己做完运动之后的感觉，比如在家里做了一大堆家务，或者做完瑜伽、太极等体育锻炼之后。如果你感觉身体在运动结束或体育锻炼之后更加放松、心率缓慢，那么这种方法就可以帮你消解压力。

花点时间想一下，在有压力时自己的呼吸以及锻炼之后对压力的影响。了解自己身体的工作机制和怎样帮助身体放松对使人平静下来是同等重要的。

你知道吗？

你知道大脑的某个部位能使人平静下来吗？前额大脑皮质能调节我们的情绪，以免太过激烈或不知所措。这一点对我们能够镇静下来和不被焦虑的情绪击垮很重要。研究表明，越镇静，就越能集中注意力去学习。

因为你更可能在学校里学习，掌握镇静的方法会让你更加容易学习新的经历和知识。掌握如何运用镇静的方法对现在和未来都很重要。现在你知道自己大脑的某个部位有助于自己镇静下来了吧！

Lantieri, L.(2008). The resilient brain: Building inner resilience. *Reclaiming Children and Youth*, 17 (2), 43 - 46.

想象法

　　想象法是一种有趣的练习方法。这需要运用你所有的感觉——视、听、嗅、触、味——去放松或减少情绪化的感觉。这种方法能发挥作用的部分原因在于：不仅将你大脑的注意力从沮丧的情况转移到别的事情上，而且对平静时光的想象能够产生平静的情绪。

　　好了，让我们开始吧。下面是一些运用自己的感觉可以想象到没有压力的例子：

❶ 视觉：想象着自己在游戏机屏幕上看到"恭喜你打通关了！"，或者走进家门时看到心爱的宠物高兴地围着自己又蹦又跳。

❷ 听觉：想象着听到爸爸赞扬自己最近做过的事，或者小鸟在窗外欢快地叫着。

❸ 嗅觉：想象着闻到自己最爱的食物和勾起自己美好回忆的气味，比如你和一群朋友在踢球时不小心滑倒在地，之后彼此开怀大笑的泥土气息。

❹ 触觉：想象着自己被妈妈抱着，或者搂抱着自己心爱的宠物，甚至躺在床上、盖着毛毯的那种安全舒服的感觉。

❺ 味觉：想象一下自己最爱的美食或甜点的味道，或者想象你走在海边沙滩上尝到的那种咸咸的空气味。

　　上述的每一种想象都可以让一些人镇静下来。试着想象一下假期中自己最喜欢的那段时间。你能把听到的声音，回忆起的气味、味道或者你触碰的东西描绘出来吗？你能想起来的画面越多、拥有的感觉越多，回忆就越能发挥作用。

现在轮到你了。什么样的回忆或经历会让你感觉美好？也许是一处你最爱的度假景点，也许是蜷缩在床上阅读一本好书。你甚至可以用自己的想象制作一部电影，用自己的感觉将自己带到放松心灵的美好之地。比如，迈克尔告诉他的姑姑："我经常想象着自己发现了一颗星球，成为国王，将自己喜欢的人都带到那儿去，建立起城市和乡镇。"

卡莉的故事

当你遇到巨石般的困难时，用想象让自己平静下来非常有用。卡莉的父母离婚后，爸爸搬到了2000英里（约3200千米）以外。卡莉爱爸爸，非常想念他。在他们一次惯例的电话联系时，爸爸告诉她："卡莉，当我们没有电话联系和不见面时，我仍然和你在一起。经常想一下我们在一起的美好时光，等到下次我们聊天时再告诉我你想起的经历是什么。"

卡莉尝试了爸爸的建议。当她为自己和爸爸分离而感到悲伤时，她就回忆起和爸爸一起去游乐场时爸爸为自己赢了好多动物玩具的情景。她记起游乐场的样子和爸爸的笑脸，自己身边各种活动的声音，弥漫在游乐场里各种食物的味道，抱着动物玩具和被爸爸胳膊环抱着的温暖感觉，以及在离开游乐场时吃的棉花糖的味道。

后来她告诉爸爸："想象的作用很好。以前当我在夜里快睡觉时，会因为想您而哭。我不能接受离婚的事实和处理各种问题。现在，我有时还会哭，但想象一下我们的快乐时光以及我们会一起谈论起我的回忆，还是值得高兴的事。"

卡莉用自己的感觉和回忆让自己镇静下来。即使她无法改变父母离婚的事实，她现在也能放松享受自己的日常活动：朋友、音乐以及和妈妈在一起的时间。

你对卡莉爸爸的建议怎么看？

你曾经面对过巨石般的困难吗？你认为自己能用感觉和想象让自己也感到更好些吗？

你的想象是无限的！在一张纸上写下让你自己微笑或开怀大笑的一些回忆或场景。当确实感到烦恼或不知所措时，你可以想一想它们。

冷静地思考

是否还记得第四章里的"自言自语"？有一种镇静方法是，用想象和有益的语言相结合，从而镇静下来——这是一种特殊的自言自语。当你感觉生活困难时，你可以尝试一下下面的想法（将自己的感觉集中在积极的、冷静的想法上一起使用）：

- 回忆经受压力的那些时间。
- 提醒自己可以向别人求助。
- 提醒自己现在有办法让自己镇静下来。记住：有时让你经历痛苦的情绪没什么大不了的，它只是提醒你需要应对压力的办法。

- 记住：一时的逃避并不会帮你解决困难。
- 记住：渡过艰难时期后有助于你变得更坚韧和更有信心去应对未来的压力处境。
- 记得行动都有前因后果，所以要考虑你希望达到的效果和目标实现的途径。

这是否意味着需要记住很多东西？你可以把这些注意事项写在纸上，并放在当自己感受到压力时能很容易找到的地方。一旦你习惯了冷静地思考，就很容易做了。

转移注意力

你知道有时简单地转移自己的注意力，可以让自己镇静下来处理压力吗？比如，布鲁克这样说："无论什么时候我为作业题难感到焦虑时，只要我稍微休息放松后再试一下，我就会感觉好一些。一旦我平静下来了，通常就能回答难题了。"

试着分分心，或者不要一直想着压力，看看是否会起作用。也许你可以花点时间去画画、唱歌、上网、听音乐或者去投篮。一旦你镇静下来并重新恢复活力，也许你就会发现自己能更好地解决问题！

寻找支持团队

记住：对坚韧的人来说，一些情况能轻松自主地处理，有时则需要听从别人关于如何处理压力的建议，向他人寻求帮助并且问题得到解决，就会感到轻松。当你面对一个大石块或巨石那样的问题时，需要别人的帮助而去求助并不是软弱的标志，而是自己求助力的展现。

关键点

- 当你不知所措时，自我平静下来可以提高自己找到解决问题方法的能力。
- 有很多自我平静的方法，找到最适合自己的。
- 运用感觉和想象进行自言自语，是帮助自己镇静下来的有趣方式。

总结

在本章中，你阅读到这样一个事实：越镇静，就越能想清楚如何渡过艰难时期，就能变得更加坚韧。你学习了一些自我平静的重要方法：呼吸训练、体育锻炼、想象法、冷静地思考、转移注意力以及寻求帮助。在下一章中，你将有机会阅读到从失望中恢复过来的方法和常见的压力来源。

第六章

处理决策、失望和新挑战

关于如何成为一个坚韧的人，你已经阅读了很多。现在，到了学习坚韧的人如何运用各种应对措施去渡过压力经历的时候了。学习创造性地做出决定、处理失望的行为和适应新情况的方法，将会给你信心和帮助你恢复常态！在阅读本章内容之前，做以下测试，看看自己是如何运用应对措施的。

当我不得不做出决定时，我会：

a. 推迟并希望别人为我做出决定。

b. 对自己认为简单的做出决定，让别人为我做大的决定。

c. 做出决定并且知道怎样去考虑。

当我失望时，我会：

a. 经常非常伤心或者非常生气。

b. 试着保持平静。

c. 知道用有益的自言自语从中走出来。

当我平静时，我：

a. 仍然难以从失望中走出来。

b. 会对失望的感觉好一点儿，但并不大。

c. 会想出一些有用的方法来克服或应对失望。

当我感到有压力时，我会：

a. 寻找快速摆脱压力的方法。

b. 知道有时快速的解决方法并不一定正确，但想不出更长远和更好的方法。

c. 知道怎样想出快速的解决方法，也能积极自信地想长远的方法。

当我面临新的情况时，我：

a. 经常感到不适应，不知道该做些什么。

b. 和父母或朋友保持亲近。

c. 经常将这种经历看成是一种探险。

如果你大多数情况下选择"a"：继续阅读，对学习如何解决问题、处理失望的行为和应对新情况，你可以从中受益。

如果你大多数情况下选择"b"：你有一些解决压力源的方法，继续阅读，你能学到更多。

如果你大多数情况下选择"c"：你已经在变得坚韧的道路上了！不管到什么程度，你会在本章中学到一些提示。

创造性地做出决定

你知道做出决策时会引起沮丧、失望、生气和焦虑的感觉吗？有时候，孩子甚至成年人在做决定时会不知所措。有些人在需要做出选择时不知道该怎么办。无论如何，很多人在做决定时如果进行创造性的思考，要胜过简单地对不同选择说"是"或"不是"。

你知道吗？

研究人员的报告显示：一个人面对困境或困难时，要比平时更容易解决问题或适应新环境，你会将那种经历视为机会。所以，下次不要将挑战看作是困难或障碍，而是幸运和机会。试一下战胜挑战的新方法，也许会让压力处理起来更轻松！

Marcketti, S.B., Karpova, E., & Barker, J. (2009). Creative problem-solving exercises and training in FCS. *Journal of Family and Consumer Sciences*, 101(4), 47-48.

下面的事例可以帮助你理解创造性的决定是如何产生作用的。艾比盖尔非常想和朋友希尼一家在星期六去游乐场玩。她的妈妈认为去那里会很有趣并且同意了。对艾比盖尔来说，周六和朋友一起出去玩将是非常完美的一天。

但当艾比盖尔和妈妈意识到周六早晨还有音乐比赛时，一切都改变了。艾比盖尔变得非常烦恼。她热爱音乐，对参加音乐比赛也十分兴奋。艾比盖尔开始生气和大哭起来，她告诉妈妈："好吧，我得因为某些愚蠢的比赛而放弃我的社交生活，或者就得放弃比赛。谁会关注音乐呢？"

艾比盖尔发觉自己掉进了"思考怪圈"里，这是指她的思考进行着但不会想出解决问题的办法。实际上，艾比盖尔不停地在"放弃社交活动"或"放弃音乐"之间转换，她无法找到协调两者的办法，对吧？

后来，艾比盖尔终于用镇静方法和有益的自言自语找到了做出决定的办法。她求助于自己的妈妈，提出了一个创造性的方案：音乐比赛结束之后，艾比盖尔的妈妈会开车带她和朋友见面。她和妈妈将准备好午餐，这样的话，她们可以在路上吃而不至于浪费时间。艾比盖尔认识到创造性的方案有时可以达到两种活动兼顾的效果。

你曾遇到过跟艾比盖尔相似的情况吗？你是怎么处理的？艾比盖尔想出了一个折中的方案，放弃部分活动的时间来保证音乐比赛和与朋友在游乐场玩耍二者兼顾。很明显，这是从时间冲突陷阱中跳出来的一种方法。

处理失望的行为

大多数人会记得自己失望的时刻。失望通常发生在自己期望或希望的结果没有按照自己希望的方式发生。一些人只会说句"好吧"，有的人也许会伤心甚至生气。你曾经失望过吗？你有办法处理吗？

当布兰特的科学课题没有获奖时，他非常失望。毕竟，他在课题上花费了大量的时间，而且认为自己应该获奖。他生气获奖者"抢了自己的奖赏"，生气评委没有像自己所期望那样认识自己的课题，对此他一直生气了好几天。你发生过类似这样的事吗？

下面是一些处理失望行为的提示：

- 提醒自己：感到恼怒和受挫是正常的。
- 用镇静方法放松，从而让自己清醒地思考。
- 用自言自语提醒自己这不是什么灾难，自己可以挺过去。
- 一定要避免自己的受挫感转移到无心伤害你或让你烦恼的人身上。
- 如果自己没有实现目标，如果可能的话，请制订一个未来可以达到目标的方法。
- 跟别人交流自己的失望情绪，他们也许会帮助你想出一个应对的方法。
- 肯定自己处理失望压力的努力！

现在你知道有许多处理失望行为的方法了，一味地伤心或生气并不能改变什么。但是，镇静自己、改变自言自语和肯定自己为处理失望压力的努力，都可以帮助你更轻松地渡过这些时期。

你知道吗？

你知道那些具有领导力的学生认识到失望可能发生，但仍然会接受挑战吗？这些学生知道有时经历失望或失败是很常见的。

如果你和这些学生领导者的观点一致，那么你就可以尝试新的经历而不用担心会被困难压垮、失望或者失败。这样，会让生活没有太大的压力。

Rice, D. (2011). Qualities that exemplify student leadership. *Techniques*, 86 (5), 28-31.

快速方法 VS. 正确方法

提出解决冲突或问题的方法要比思考难题本身花费更多的时间。这也会产生挫折感和烦恼感。尽管如此，花费时间认真地分析情况和自己的决定如何作用于目标（或者目前的情况下你希望实现什么目标），实际上能帮助你达到目标。所以，慢慢来！快速的解决方法常常不是正确的解决方法。最好把时间用在如何解决目前的困难上，否则你会在以后解决困难本身和冲动且有害的行动上花费更多的时间。

比如丹尼尔曾经为期中考试的学习而感到压力很大，她快速解决的方法是将注意力从学习转到其他轻松的事情上，如画画和玩电子游戏。结果，在考试前的晚上，丹尼尔慌了，她意识到快速解决的方法只是导致拖延耽搁。现在，她已经没有时间在考试前学习了，她仍然需要学习，她没有想到制订学习计划，对自己拖延时间的行为几乎要疯了。

接受新挑战

你将永远面临挑战，这就是生活！一些挑战是让人烦恼或受挫的，比如自己最不喜欢的功课考试；也有一些是让人兴奋的，比如学习驾驶汽车。

新的经历或挑战会让人产生压力。你记得学习游泳或骑自行车吗？你是立刻就会了吗？可能不是吧！大多数人在学习从未做过的事时都会犯错，这些错误可能被看成是鹅卵石、岩石或巨石，这完全取决于你怎么看待它们。

如果你认为自己应该马上掌握一门技术或者立刻对自己做的所有事情擅长，那就等着接受失望吧。新经历的兴奋感会在每一个错误打击你时消失。对错误的烦恼感可能会让你避免任何新的学习机会。对新事物的逃避会让你不能接受生活的挑战和压力。另一方面，将新经历看作学习的机会，犯错误是学习机遇中的重要一部分，这能够帮你从错误中恢复，从而变得坚韧！

在阅读本章的剩余内容之前，花一点时间想一下你想要的新经历。你想怎样去尝试它们？如果你把新经历看作是有趣、兴奋的时间，那么你可能已经知道自己会从这种经历中得到学习，从错误中尽快恢复，而且能够更加自信地享受那些经历。

苏珊的故事

苏珊努力地接受一个事实：她不能很快地掌握并擅长她所尝试的每一件事。当苏珊开始跟爸爸学习开车后，她觉得自己"不可思议地失败"。

事实上，苏珊的爸爸在和她一起外出时夸奖了女儿的第一次驾驶学习。苏珊认为爸爸这样说只是为了安慰自己。她想：我的靠边停车真是糟透了！我不认为自己掌握了！当我离开车位向左转弯时老是忘记打开转向灯。有时我自己真是太笨了！我怎么会那么做？

你认为苏珊对学习新本领有信心吗？

在接受新挑战时，苏珊怎样对自己说会让自己感觉好一些？

如果你害怕失败，或者在处理情况时感到焦虑，从而使自己无法全心投入，这就是你将挑战看成困难了。也许你希望从大人或朋友那里得到自己应对新挑战的建议，就不会感到被吓倒或压垮。当然你也可以运用已经读到的方式，比如镇静方法和有益的自言自语（如"即使我没有做到完美也能感到乐趣"）。

应对压力的习惯

你可能知道有些孩子喜欢用指头绕头发、咬指甲或者在桌下抖腿。许多习惯并没有明确原因。比如，绕头发不是为了让头发弯曲，咬指甲不是为了打扮自己，还有在桌下抖腿也不是为了消耗热量。

人们总是习惯于用同样的方式产生对外界压力的反应。

生活中，你有解决困难或应对压力的习惯吗？如果有，是如何表现的？它们能让你感觉更有能力处理情况吗？能让别人知道你的需求吗？如果能，那就太棒了！如果不能，下面是一些你可以尝试的方法：

- 用自言自语提醒自己有些压力可以自主应对。
- 用自言自语提醒自己如果太烦恼，可以向别人寻求自己的具体需求。
- 用"鹅卵石、岩石和巨石"练习，确定自己对外界情况的烦恼感。
- 当你烦恼时，用镇静方法让自己放松。

如果自己有一种应对压力的常用有效方法，只要不是唯一的，就很好！方法越多，应对压力状况的方式就越多！当你发现自己有压力时，深呼吸，尝试镇静的方法，然后考虑自己最有效的反应方法，即使这种方法你不经常使用！

乔希的故事

当乔希感到压力时，他会哭。爷爷去世了，他哭了；在学校发现午餐忘在家了，他哭了；篮球队没有作为首发队员，他哭了；社会学作文得了A-，他哭了；妈妈没有在冰箱里放他爱吃的甜点，他还是哭了。

哭泣本身没错。人们经常会在悲伤、受挫、崩溃甚至生气时哭泣。但是乔希在作文得 A– 和爷爷去世时的反应都一样。当乔希的叔叔给他指出来后，乔希承认了："我的确那样做了。当我烦恼时就会哭。因为我哭得太多了，大多数人甚至不关心我什么时候开始哭了。"

乔希的叔叔建议乔希把自己的烦恼情绪划分为 1~10 的等级，其中 10 是最高等级的烦恼。然后，叔叔让乔希试着去找一个与别人沟通的正确方法。如果他仅仅有一点烦恼，他可以说"我有点悲伤"或"我有点失望"。但是，如果他非常烦恼，他可以用更强烈的词语，比如"我太伤心了"。这样的话，别人能更好地准确理解乔希的情绪。乔希哭鼻子的习惯让人很容易理解为他哭泣时的烦恼程度都一样。

乔希认识到哭泣已经成为他应对任何不舒服的习惯。掌握了找到正确词语向别人描述自己情绪的方法后，他也学习到其他坚韧的方法，如改变自己的"极端化思维"（见第四章），而且他哭得少了。乔希也感到更快乐了。

你有过和乔希相似的经历吗？

乔希还可以使用哪些别的方法来处理压力？

关键点

- ☐ 失望并不能压垮你。
- ☐ 你能找到解决问题的创造性方法。

☐ 你看待新经历的角度能够决定：你是快乐地处理新情况，还是因太烦恼而无法享受新的经历。

总结

在本章中你认识到有许多创造性的方法去应对做出决定，不必因为失望而感觉失败，一般也不必急着寻找解决方案。你也读到人们可能会因习惯而对所有的压力产生特定的反应，也了解到处理这种情况的方法。在下一章中，你将会阅读到自己能够控制的一些具体情况应该如何处理的方法。

第七章

拥有改变的能力

　　你曾经因为考试前没有留出足够的学习时间或者忘记做什么事而感到压力重重吗？大多数人都有过。好消息是这些情况通常是在自己控制的范围内。这些事能让你感受到压力，但是你有能力去改变它们。

　　你已经读到了许多处理压力和解决困难的方法。在接下来的章节中，你将会确定如何处理具体的情况。本章将集中于如何应对和从有压力的经历中恢复过来，而实际上这些是你有能力改变的。你将会阅读到依靠自己如何处理失望情绪、安排过满，如何确立和向实际的目标努力、缓解竞争，以及当你感到准备不足时应该怎么办。但是首先，还是花一点时间考虑一下如何处理自己掌控之内的压力情况吧。

如果我对自己失望了，我会：

a. 用无益的自言自语让自己烦恼。

b. 试着用有益的自言自语让自己感觉好些。

c. 试着用有益的自言自语并从情况中学到教训。

当我的功课有压力时，我会：

a. 通过和朋友外出玩耍让自己分心，并试图忘记压力。

b. 变得焦虑或烦恼，但不知道该怎么办。

c. 意识到自己有压力，用一些方法来缓解或寻求帮助来解决问题。

如果我太忙了，我会：

a. 变得焦虑，没有用尽全力就结束。

b. 试着制订一个计划，但是还是经常忘记自己应该做的事。

c. 制订并坚持计划，记住自己应该做的所有事情。

如果我制订的计划需要调整，我会：

a. 非常烦恼并且试着避免做出改变。

b. 试着保持镇静，但自己并不喜欢改变。

c. 有方法帮助自己做出改变而且没有太多压力。

如果我参加了一项比赛，我会：

a. 非常紧张并且讨厌这样。

b. 有一点紧张，但会提醒自己没必要总是关注是否获奖。

c. 有很多方法包括自言自语帮助自己完成比赛，而且没有太多
   压力。

如果你大多数情况下选择"a"：你正在学习如何处理自己的行为能够产生很大不同的情况。继续阅读，你会在本章学到一些有用的提示。

如果你大多数情况下选择"b"：你已经掌握一些方法，但头脑中掌握的方法越多，你就越会从中获益。

如果你大多数情况下选择"c"：你有很多方法帮助自己处理失望情绪、计划的临时改变或者是其他自己能够控制的情况！

处理拖延带来的失望

在最后一章，你将会读到一些处理失望的方法，这些失望是因为自己不得不在二者中选择或事情的发展不符合自己的期望而产生的。但是那些因自己的行为而产生的挫折感和烦恼感，应该怎么处理呢？

你也许会想：为什么我会对自己失望？这看上去不符合逻辑。没有人一开始的目的就是让自己失望。但是，很多人却这样做了。比如，你是不是直到最后才去做学校的作业以及没有充足的时间去做好一件工作？直到最后才去做学校作业的人，并不是做出一个让他们失望的决定。实际上，他们是没有做出任何决定，因为他们把时间用在自己的活动上而觉得自己只是"时间的受害者"。

你曾经做过"时间的受害者"吗？你曾经拖延工作直到截止的时间吗？你是否把工作拖延到最后一分钟却发现时间不够用了？你是否决定把注意力集中到工作以外的活动上，结果几乎没有时间来做好工作了？决定等到最后一分钟才去做工作，会在自己发现时间不够用时导致失望情绪的产生。

所以，应该怎样做才能避免因自己拖延而产生的失望？下面是一些可能有帮助的提示：

- 提醒自己：推迟工作或逃避责任并不会消失，只会给自己的生活增加紧张。
- 对核心事项和任务进行组织计划，能帮助你没有过多压力地解决处理。
- 即使你想去做工作以外的活动，也必须在做你想做的事情时把工作的时间安排好。
- 不要找借口（比如"我不知道这周要考试"）。

如果你对如何处理某种情况感到烦恼，可以向信任的人寻求帮助并请教如何更好地解决。

安排过满

你知道有许多孩子会因为受到压力和感到精疲力尽，就匆匆结束他们正在做的工作吗？也许你会为不错过任何事而报名参加很多活动，但是，假如没有休息时间，那么你也很难不停地做事而不感到一点压力。或许你就是一个安排过满的人。

有的人即使安排的计划很满，也能轻松地进行活动，并且不会感觉有压力。有的人则需要安排休息的时间。考虑一下你自己。在每天放学后和周末你是如何处理忙碌的时间的？疲倦时你是否会生气或愤怒？你是否有困难安排好时间来练习篮球、温习钢琴课和完成家庭作业？如果有困难，你也许应该看一下自己的计划表，是否有一些活动可以不要，从而省下更多的时间。

你也许会发现，因为自己忙碌的安排而吃不好、睡眠不足。如果因为吃不好、睡眠不足而没有照顾好身体，你还试图在很多活动上保持活力，那么当你面临有压力的情况时，你很难表现出坚韧。

想一下自己每周做的事情，看看能否留一些"自己的时间"。这不是做任何具体事情的时间，而是留给自己的时间。你可以看电视、做瑜伽、享受爱好或打电子游戏。没有人要求你这段时间应该做些什么，这是一个安静和放松的机会。如果有需要的话，这也是一个补充睡眠的机会。

应对挑战

灵活意味着你可以处理计划的改变，或者在你得到新信息后能够快速地重新考虑处理情况。想一下橡皮筋，它就是灵活的：它能扭转、弯曲和拉伸，而不损坏。坚韧的人能够改变自己的观点，处理新的或不可预期的经历，接受别人的建议以重新思考如何处理有压力的情况。

但是，像橡皮筋一样，每个人都有自己的"弱点"。如果你过度拉伸橡皮筋，它也会断裂。类似地，每个人都有自己轻松适应或处理的限度。有些变化容易接受，比如校长临时安排的一项你喜欢的活动导致今天的数学课取消，你可能会接受这个变化。然而，接受自己爱的人去世或期待已久的假期推迟就会变得很难很难。伤心、生气、失望或者沮丧，这都没什么。灵活和坚韧并不意味着你不能拥有这些情绪，它意味着虽然你有这些情绪，也能找到回弹或继续前行的方法。

下面是一些即便在艰难时期你也能灵活对待的提示：

- 使用自言自语和镇静的方法。
- 想一下你最佩服的人会如何处理情况，以及他的方法是否对你适用。
- 记住：并非只有一种思考方式，当你获得更多信息后也可以改变自己的想法。
- 如果你在尽力处理计划内的突发事件，那么请让你的父母和老师知道。也许他们能在变化发生前给你更多的关注或更多的时间去调整。
- 如果在你被告诉要灵活处理而感到压力很大时，试着想一下，是情况确实很严重，还是仅仅自己感觉很严重。
- 如果仅仅是自己感觉很严重，试着告诉自己：虽然我不喜欢事情改变，但镇静下来能够帮助自己。
- 如果情况确实很严重，向大人求助帮你渡过这个艰难时期。

灵活并不总是容易的，但你对如何考虑和处理情况还是有些控制的。有的人抵制任何改变，有的人喜欢惊奇并且总是很灵活，大多数人介于两者之间。坚韧意味着自己经常能够没有太多压力地处理变化和适应新的情况。你是否这样呢？

伊莎贝拉的故事

伊莎贝拉讨厌阅读说明书。她为妹妹组装一个玩具屋时仅靠观看所有的部件来确定怎么做。伊莎贝拉说："不阅读说明书我一直做得很好。曾经我参加考试时，我知道问题是什么并确定老师想知道什么，我总是得到好成绩。到现在，六年级就难了。上周我参加的两次考试都因为没有阅读注意事项而得了低分。"

伊莎贝拉解释说："在词汇考试中，应该是四选二的词义描述，结果我以为是单选题。同样，在数学考试中，因为没有读到要求展示计算过程，我进行了心算，结果答案对了却没有得分。"

伊莎贝拉对老师很生气，对自己很失望，还告诉父母："六年级真是太没意思了，我讨厌它！"

你同意伊莎贝拉的观点吗？

伊莎贝拉做出了什么决定后导致对自己的失望？

伊莎贝拉下次可以有什么不同的做法？

如何处理竞争

竞争可以是健康有益和令人振奋的，也可以是有压力感和不愉快的。比如，格洛里亚想成为课间手球游戏最好的人之一，她喜欢参加比赛和练习手球。即使她输给了某个人，她也会赞扬自己的提高，并且每次并不在意输赢。这样看来，竞争对格洛里亚来说，是一件好事。

另一方面，当经历或游戏产生太多的紧张和不舒服时，竞争能给你的生活增加压力。竞争如果导致一个人为赢得比赛而做出有害的选择，它就是无益的。

艾伦的故事

艾伦在当地社团中心举行的辩论比赛中没有获得一块奖牌，于是他考虑退出辩论社团。他告诉老师说："如果我都没有在这次辩论比赛中获奖，那么我可不想继续在社团浪费时间了。"艾伦曾经很喜欢辩论，他想放弃自己喜欢的活动仅仅是因为自己没有在这次比赛中获得奖牌。

你对艾伦的计划怎么看？

对继续留在社团，艾伦怎样劝告自己会感觉好点？

当一个人在比赛期间感到失望或有压力时，有很多方法可以去应对，从而感到更舒服。下面是一些能帮助你的方法：

- 用有益的自言自语提醒自己：只要有勇气参加比赛，就能享受整个过程。
- 用镇静方法来减少自己的压力和增加比赛中的乐趣。

- 注意不要使用无益的自言自语（比如，"我不会赢得比赛。我不够聪明。事实上，我就是笨！"）。

- 确保自己不要以偏概全。这意味着如果你在一次比赛中失误，你会觉得下一次还会失误。换句话说就是，如果你这次没赢，你会觉得下次也不会赢。

- 如果感到烦恼或受挫，请告诉自己的支持团队。

- 从经验中学习！试着从经历中发现能激发或鼓励自己再次尝试的东西。

你知道朋友之间的竞争也能造成友谊的结束吗？在下一章中将会更多地讨论，说明对有害或无益竞争的迹象进行重视和处理的重要性。

你知道吗？

竞争可分为有益和无益两种。你能说出两者的区别吗？当人们处理竞争，特别是竞争性特别强的人时，有时会感到有压力和不舒服。如果你发现竞争让你感到不知所措或焦虑，试着运用自己阅读到的方法去应对或向自己信任的人求助。另一方面，有益的竞争能培养坚韧。如果你发现竞争能激发你超越别人，那么它对你而言就是积极正面的！

Ozturk, M.A. & Debelak, C. (2008). Affective benefits from academic competitions for middle school gifted students. *Gifted Child Today*, 31(2), 48-53.

如何确立和向实际的目标努力

如果你需要做的工作对你来说太难，有时你就会很容易感到有压力或者不知所措，或者有时你父母的期望或你的目标看起来太难而难以实现。如果你认为工作或目标是不可能实现的，就会很容易放弃。这就是为什么找到自己能够成功完成的目标是重要的，即便寻找目标的过程需要花费时间。

你是否为自己确立了实际可行的目标？梦想有一天成为总统或你所在地区的市长，这没什么不可以。一个对现在来说实际可行的目标，也许是了解政府即将发生些什么或试着参加学校学生会主席的竞选。梦想有一天成为一名知名的电影明星，也没什么不可以。但现在也许你需要制订一个可以实现的目标——参加学校的戏剧选拔。了解怎么做了吗？梦想是重要的，但关注现在更加短期的目标可以让自己相信一定能够实现。这样，你能感到满足和骄傲！所以，当你面对不实际的目标而感到有压力时，你可以将它转变为有能力掌控的短期实际目标，这样的话，你也可以变得更坚韧。

关键点

- 如果你对自己失望了，应该努力吸取教训而不是对自己生气。
- 学会应对自己时间表中不可预测的改变，这会帮助你变得灵活和更加坚韧！
- 处理竞争和确立实际可行的目标是你能够掌控的，这会帮助你减少压力以及尽快从困难的情况中恢复过来。

总结

在本章中，你学习了怎样避免让自己失望、怎样处理安排过满以及怎样确立你能实现的目标。此外，你也学习到竞争和怎样适应计划内的改变能帮助自己变得更加坚韧。现在，当你处理家庭或朋友冲突时，到了关注社交压力以及变得更坚韧的方法的时间了。

第八章

处理社交冲突

别人能带给你压力，这是事实。社交冲突，或者说人与人之间的压力，包括以下时期：你和一个朋友或家庭成员之间有不同的观点，你和朋友想做的事情不一样，你加入了一场压力很大的竞争，你被嘲笑或被欺负。这些有压力的情况也许有些在你的掌控下可以改变，而有些你无法改变它的发生，但是你可以找到一种接受或处理这些情况的方法。如果你学会处理这些挑战的方法，你就能更容易地回弹并且变得更坚韧！

在阅读本章之前，花点时间看一下你处理社交冲突和事务已经到了什么程度。

当没有按我的方式做事时，我会：

a. 变得很生气，需要很长的时间去思考。

b. 试着保持镇静和说服别人改变主意。

c. 保持镇静和用自言自语提醒自己：我想按照自己的方式做事，但有时也能按其他人的方式做事，或者做出让步。

当我被嘲笑或被欺负时，我会：

a. 试着忽视，即使这伤害了我。

b. 告诉父母，有时会寻求他们的建议，但请他们承诺不告诉别人。

c. 知道什么情况下自己处理，什么情况下听取别人建议，以及什么情况下让大人介入。

当我和朋友意见不一致时，我会：

a. 开始考虑是否应该继续保持友谊。

b. 试着诚恳地劝说朋友同意自己的意见。

c. 接受朋友可以不总是拥有和自己相同的意见。

如果和家人意见不一致或者起冲突，我会：

a. 不知道该怎么办。

b. 试着忘记，或者让家人同意自己的意见。

c. 知道如何表达、交流思想，如果有必要和可能的话，就谈判或妥协。

当我想结交新朋友时，我会：

a. 试着和愿意与自己说话的人交朋友。

b. 寻找和自己想法一致的人。

c. 寻找和自己价值观一样的人——比如对人友善——但没必要处处和我一样。

如果你大多数情况下选择"a"：你可能正在努力地寻找处理社交冲突的方法。在本章中，你会阅读到一些和别人意见不一致时能够帮助你的方法。

如果你大多数情况下选择"b"：你拥有了一些处理社交冲突的方法，但是通过这些方法不能总帮到你。你可以从本章学到一些新的方法。

如果你大多数情况下选择"c"：你已经掌握了一些处理社交冲突的重要方法，在接下来的阅读中，你会发现更多的提示。

处理友谊的紧张关系

有时朋友之间持有不同的意见很正常，即使朋友之间相互关心和彼此尊重意见，有时也会发生争论，当两人的观点不同或想做的事不同时，甚至会发生争吵。当冲突或紧张关系出现时，你是如何恢复到正常的状态和挽救友谊的？下面是一些在别的孩子身上适用，同时也可能适用于你的一些提示：

① 弄明白你认为你们两人之间的问题是什么。

② 弄明白你想要做什么（你的目标）以便于冲突的解决。

③ 看一下自己的目标是否实际可行以及对朋友是否公平。

④ 检查一下情况是自己一个人就可以努力做好，还是需要接受朋友的一些建议。

⑤ 告诉自己：朋友的目标可能是什么。

⑥ 当你和朋友说话时，尽量不要用"我"的判断（比如"当……时，我受到伤害了"）。

⑦ 让朋友知道你不是想结束友谊，而是希望结束朋友之间的紧张

关系。

⑧ 问问朋友是如何看待事情的发生，也许你会对朋友的反应感到吃惊。

⑨ 当和朋友一起尽力解决冲突时，尽量重述朋友的话，以保证自己在反应前正确理解了朋友。

⑩ 如果你意识到自己伤害了朋友的感情，就应该道歉。

消除朋友之间的紧张关系可以让你更轻松地处理以后的争论，也会让你们之间的友谊更加亲密和牢固。

如果你尝试了上述所有的方法还有争论，你也无法继续轻松地保持友谊，那就和信任的大人交流一下，看是否还有挽救友谊的办法，或者可以结束这段仅仅是熟人之间的关系。

协商和妥协

你也许需要更多处理朋友之间冲突的方法，你可以尝试以下两种：协商和妥协。协商是以一种你试着为涉及的双方都着想的方式来解决问题或争论。妥协意味着没有人100％的满意，但双方都可以接受的解决方法。

比如杰里米和尼古拉斯兄弟，他们都喜欢坐在自家汽车的前排座位上。为此，他们经常打架、互相推拉，尽力阻止另一人坐到汽车的前排座位上。但是，这个方案行不通。他们经过讨论后，决定尝试以下的解决方案，也就是说，他们经过协商之后，达成了妥协：没有人一直坐在那个座位上。他们决定：杰里米在单数天里坐前排（比如8月

9日），而尼古拉斯在双数天里坐前排（比如8月10日）。

如果你和朋友在为每天早上应该坐在校车的哪个位置而争吵，你能想到一个协商的方法并提出一个妥协的方案吗？当你试图找到为双方都着想的解决方案时，请记住：

- 一起寻找。你是在寻找解决方案，而不是强迫别人做自己讨厌或非常不喜欢的事情。
- 说出自己的目标，也要让朋友说出他们自己的目标。可能你的目标是一个挨着车窗的座位，而你朋友的目标是坐在后面一排挨着车窗坐下的另一个小孩的旁边。
- 当你开动脑筋想办法的时候，要灵活一些。
- 坚持谈论你想解决的问题，没有人想赢得上周或上个月的争论。
- 要公正。

现在，花点时间想一下你可能会怎么解决校车座位的争论。你觉得下面的解决方案怎么样？

- "朋友和我可以轮流坐在挨着车窗的座位。"
- "既然朋友不是真的想坐在挨着车窗的座位，而是想挨着萨拉（坐在我们前排挨着车窗的座位），我们可以问问萨拉是否愿意坐在前排靠过道的座位上。这样，我既能坐在挨着车窗的座位，而朋友也和坐在靠过道座位上的萨拉挨得很近。"
- "我会让朋友知道：尽管我紧挨着她坐，但我不介意她有时不跟我说话而跟萨拉说。"
- "我想是否可以这样：外出郊游时我坐在窗边的座位，而每天上学时她坐在这个座位。"

□ "我能接受朋友提出的方案。"

多想一些创造性的方案！记住：你需要一个让你和朋友双方都愿意倾听和尊重的方案。如果你的朋友弄伤了腿，因为很难挪到挨着车窗的座位而需要靠过道的座位，你听完他的理由后就会让他坐下，对吧？你会很容易发现妥协经常是合适的，但有时也有充足的理由去尊重别人的意愿。反过来也一样。

如果现在你能找到协商和妥协的方式，你和朋友也会更好地处理未来的冲突和争论。

虽然掌握协商和妥协的方法能帮你处理和克服一些困难，但有些时候你被要求妥协却绝不能妥协。无论何时当你被迫做一些不安全或你不想卷入的事情时，比如嘲笑别人，你就要说"不"。知道什么时候妥协和什么时候说"不"是困难的。花些时间想一下，什么时候可以妥协、什么时候需要坚持自己是正确的。

你知道吗？

妥协是一个早已进入研究范围的重要概念。比如，研究发现，能够妥协的人在出现冲突时会被别人更多地赞许和交到朋友。如果花些时间想一下研究结果，是否对你很有意义？你不想和那些知道妥协的人交朋友？你不认为别的孩子也希望和知道妥协的人交朋友？如果让你妥协是困难的，那么继续学习妥协很值得。努力变得更灵活吧，当你学会妥协时，也能帮助你收获友谊！

Tezer, E. (1999). The functionality of conflict behaviors and the popularity of those who engage in them. *Adolescence*, 34, 409 - 415.

保持友谊

还记得在第七章中关于灵活处理的好处吗？在处理友谊和家庭关系时，灵活也很重要。如果有一个总是制订规则并按照自己的方式做事的朋友，很多人都会觉得沮丧。换句话来说，孩子们常常不喜欢别的孩子总是来控制自己的行为和思想。这可能看起来明显，但有很多不能"随大溜"和灵活处理的人，试图控制友谊却导致友谊的终止。

如果你想控制所有的情况，你将会承受到很大的压力。下面是一些使自己变得灵活、让别人制订方案以及对超出自己控制能力的情况能够轻松应对的方法：

- 开始实行朋友建议的一些方案，看一下结果怎么样。或许你还会为不必总是控制所有的事情而感到轻松。
- 记住：你还可以做出一些决定。
- 同意那些听起来安全有趣的方案，如果你认为方案不安全，你仍然可以说"不"。
- 对你不能控制的情况准备一个方案，例如，当朋友不想和你一起去商场或父母吵架时。提示：你能跟谁说？你会用镇静方法吗？你能否提醒自己：即使情况让你感到有压力，你仍然可以处理？

很多人喜欢做他们一直想做的事情。不管怎样，这些人珍惜友谊并且想要保持朋友关系。通常，你不能总是掌控一切，还有很多愿意接受你这一点的朋友。当朋友不能按照自己的意愿做时，他们可能会恼火甚至感到不被尊重。通过灵活处理和放弃一些控制，你也许会发现自己能够发展更好的友谊！

利亚姆的故事

利亚姆在和朋友们玩"胆小鬼"游戏时，感到来自朋友们的压力。这个游戏需要站在铁轨上，当火车来临前的一刹那再跳下来。利亚姆想妥协，他说："也许我应该和朋友们一起站在铁轨上，当我看到火车时，在它靠近之前跳下来。"你觉得这个妥协的方案怎么样？

利亚姆决定了他被要求做的这件他认为不安全的事，用他的话就是："愚蠢的！"最终，他告诉他的朋友们："我认为这是一个愚蠢的游戏。我甚至听说过有两个玩这个游戏的青少年结束了生命。我对这个游戏不感兴趣。我希望你们也不要玩了。"利亚姆建议他们在当地的体育馆玩射箭或者攀岩，朋友们同意了试着玩这些游戏。利亚姆告诉妈妈说："我觉得有一些朋友也不想玩这个'胆小鬼'游戏，只是不知道怎么退出而已。"

你觉得利亚姆和朋友们尝试别的行为这个建议怎么样？

你经历过类似的处境吗？

处理压力很大的竞争

在第七章中，你读到了一些关于如何处理竞争的内容。现在，让我们关注一下竞争是如何影响友谊的。竞争对你和朋友可以是有趣的，它可以帮助激发你们努力学习或工作。

例如，肯尼和朋友哈罗德举行了一场他们称之为"友谊赛"的比赛，看谁收集的最有价值球员（MVP）的棒球卡更多。肯尼和哈罗德并不会因为他们之间谁没有赢得比赛而对彼此生气，他们只是继续努力去收集更多的MVP卡。

然而，麦吉尔和埃米莉就不是以"友谊赛"结束的。她们比赛看谁在考试时能得更高的分数。刚开始，这对朋友约定："让我们看看这个月谁能得到最高的分数。无论谁得到更高的成绩都应该给对方烘烤饼干。"当这个月开始时，两个女孩都努力学习去争取最高的评分。因此，这样看起来比赛激发了她们努力学习的积极性。猜猜第二个星期开始发生了什么？

当埃米莉比麦吉尔保持了略高的分数时，麦吉尔觉得这个游戏没意思了。她不想退出的原因是自己已经同意比赛要持续整整一个月。而实际上，麦吉尔已经开始对埃米莉恼火，并且开始与别的孩子外出玩耍。这次比赛正在伤害她们之间的友谊。

当比赛导致了感情的伤害或友谊的压力时，这个比赛就是不健康的、无益的以及有压力的。

你是否参加过对自己确实无益的竞争？如果是这样，你能想出一个创造性的解决方案吗？有压力的竞争可以被想象为一个障碍——它的周围有路或解决方法，但是需要时间去找到解决情况的合适方案。

应对嘲笑

嘲笑可能令人困惑，因为并不是所有的嘲笑都是伤害某个人的感情。有些嘲笑发生后，孩子们还觉得彼此之间十分轻松。有时，有些人被嘲笑后，嘲笑者还认为自己只是以一种友好的方式在和周围的人开玩笑。例如，纳撒尼尔认为自己最好的朋友马特在嘲笑自己。马特说纳撒尼尔是"书呆子"，因为纳撒尼尔喜欢在学校功课做得好，还给马特留下了跟女孩子外出十分紧张的印象。马特认为这个评论是以一种友好的方式做出的，但是，纳撒尼尔感到糟透了。

纳撒尼尔冲着马特大声嚷起来："别叫了！我讨厌你嘲笑我！"这时，马特感到非常吃惊和烦恼。他说："我只是在开玩笑。好吧，我错了。我不知道。"

你曾经有过纳撒尼尔的感觉吗？你的朋友有时会对你说的话或做的事开玩笑吗？如果你认为没伤害到你而且也有趣，大笑和欣赏这个笑话都没问题。如果你不喜欢被开玩笑或者被贴上"球迷""书呆子"之类的标签，那就大声说出来，但要记住以一种尊重朋友的方式来分享你的想法。

有时嘲笑是不友好的，但也不会因为一个人的"有意识"就一直持续下去。如果你想确定朋友或熟人是否想通过嘲笑来故意伤害你，你应该怎么做？如果嘲笑让你烦恼，你会和嘲笑你的人交谈，让他知道你不喜欢这样吗？听听那个人怎么说，这样你就可以判断嘲笑是无意的还是故意伤害你！如果嘲笑是故意的，你也许要重新考虑友谊了。

有很多时候，都不能快速地判断嘲笑。如果嘲笑让你很烦恼，或者当你自己用尽办法也无法停止——比如跟嘲笑你的人大声讲明白——下面有一些你可以尝试的方法：

- 忽视它。有时别人会厌倦对嘲笑没有反应的人。
- 和支持自己的朋友外出玩耍。
- 不用无礼的词语或短句快速地回复，比如"那又怎么样?"
- 记住：不要用嘲笑回击对方——这会导致你被嘲笑得更厉害。
- 寻找信任的人，如果嘲笑继续或者带给你的伤害很大，他们可以给你提出建议。

罗布的故事

罗布在六年级时受到很多嘲笑。别的孩子给他起外号，比如"罗伯儿"和"罗伯特"。一天，他对嘲笑感到十分生气和厌烦。他知道是什么问题：他讨厌这些外号。接下来，他试着把注意力集中在自己的目标上。刚开始，罗布想：我想给别的孩子起一些恼人的外号。你觉得这个计划怎么样?

在父母的帮助下，罗布决定他的目标是让其他孩子叫自己的真名。罗布想告诉那些孩子："你们叫我外号时就像个蠢货。"他的爸爸妈妈建议他想一个可能让那些孩子自己停止的办法。罗布决定把自己的感觉说出来。他说："当你们叫我外号时，我感到非常恼火。这一点也不好笑。我真心希望你们就叫我'罗布'。"

第二天上学时，罗布决定对一个平时看起来不错也很少嘲笑他的人说出自己的感觉，那个男孩说："我叫你外号的原因是你总是说数学比我好，这让我很恼火。"这番话使罗布吃了一惊，他说："所以，我说的话也让你感觉很烦恼？"

想一下后来发生了什么？两个孩子都为自己让别人烦恼而道歉并约定：另一个孩子承诺不再叫罗布的外号，罗布承诺不再夸自己的数学成绩和能力。第二天，罗布还吃惊地听到这个男孩对那些正在叫罗布"罗伯特"的孩子们说："别叫了，这一点也不好玩。"经过一段时间后，外号基本上就停止了，罗布也放松下来。

你觉得罗布处理情况的方式怎么样？

如果你是罗布，你会怎么做？

有些朋友相互嘲笑不会导致伤害感情，有时当别人意识到你受伤害后会停止。如果你感到自己正在被别人嘲笑，想办法让自己镇静，计划一下自己应该怎么说和怎么做（既不伤害别人也不伤害自己），你也可以向大人求助，然后实施自己的计划。想象一下，当你的行为让自己感到骄傲和克服嘲笑带来的烦恼，这是多么棒的感觉啊！

欺凌和回应

当那些看上去拥有更多力量（在社会地位上或体力上）的人对你故意施加消极负面的影响，甚至一再重复这种行为，欺凌就发生了。欺凌可以是面对面的，在你背后的（如传播关于你不好的谣言），甚至在网上（即网络欺凌）。

如果你感到自己被欺凌，你不是只有接受这种行为。也许你会感到被侮辱、压力过大、沮丧、紧张、生气，或者其他不确定的情绪。也许你会觉得尴尬不想告诉任何人。如果你觉得会再次受到侮辱或身体伤害，自己就很难从这种感觉中恢复过来。你也许会对情况感到绝望，感觉自己根本无法改变它。

坚韧不意味着自己必须接受错误的对待和受欺凌。坚韧意味着当你意识到自己受欺凌时，明白是否可以与这些人对抗。（如果对抗会让自己处于危险的严重报复之下，那么寻求信任的大人的帮助就很重要。）坚韧有时会产生创造力，想办法应对糟糕的情况，并且知道如何处理好。记住：如果自己身处危险或者欺凌不会结束——或者你看到别人被欺凌——向信任的大人求助。

找到适合自己的朋友

有时候，人们希望"有一个和自己一样的双胞胎，这样，我们就会在所有事情上有一致的看法"。同卵双胞胎拥有相同的DNA，但他们仍然是两个不同的人。对任何两个人而言，甚至双胞胎，很少能对所有事情有一致的看法。

所以，在寻找适合自己的朋友时，不要找一直都同意自己的人，也许你应该寻找这些人：

- 让你感觉很舒服，你能做你自己。
- 不试图改变你，或给你压力让你做自己不想做的事情。
- 鼓励你尽力去做自己。

- 欣赏你。
- 与你分享共同的兴趣和欢乐。
- 有你欣赏的品质。
- 做出让你喜欢的选择。
- 和你在一起被别人看到感到骄傲。

记住：有时和朋友们意见不一致时，你们需要运用本书之前的方法，比如灵活、协商和妥协，这不意味着友谊的结束。

处理家庭冲突

无论是兄弟姐妹、父母、祖（外）父母，甚至是你长大后的配偶，和别人相比，你们都很自然地拥有不同的观点。兄弟姐妹可能会对所有的事情有不同的看法！当父母和孩子的目标不同时，有时关系就会紧张。例如，贝卡的妈妈想让贝卡平时晚上早点睡觉，以保证贝卡第二天在学校时不瞌睡。但是贝卡想晚点睡觉，这样她可以看自己喜欢的电视节目和朋友在网上聊天。因为贝卡和妈妈的目标不同，因此她们俩经常对睡觉时间有不同意见。

幸运的是，解决朋友之间冲突的方法通常也适用于家庭成员之间。如果你是贝卡，可以听听妈妈怎么说，让妈妈也听听你的观点，尊重对方，看是否有可以妥协的情况。有时，父母可能会确定不容商量的规矩和原则，因此你需要考虑一下什么时候继续讨论，什么时候接受安排。坚韧意味着你既有办法应对可以改变的情况，也有接受无法改变事实的能力。

花点时间想一下当你和父母或兄弟姐妹意见不一致时，你是如何解决的？你是否用到了本书中关于处理家庭冲突的方法？也许你需要在纸上记下来你学到的方法（比如镇静下来、说话前想一想、尊重对方、灵活处理、倾听别人、妥协），这样当你发现自己身处冲突时可以想起它们。

关键点

- 友谊是既有快乐的时间和彼此尊重，也有相互妥协。
- 受欺凌绝不是需要你默默承受的事情！
- 合适的朋友是你可以做自己以及当你和朋友在一起感到骄傲的人。
- 你和父母可能会意见不一致，但是解决了这些不同的意见，你们在一起时会觉得更舒服。

总结

在本章中，你阅读到了灵活处理和妥协的重要性，处理嘲笑和欺凌的方法，参加压力很大的竞争的风险，寻找朋友应具备的品质，以及如何处理家庭冲突。在下一章中，你将会阅读到应对超出自己能力的艰难时期的方法，比如父母离婚，以及尽管情况严重仍然能继续前行的方法。

第九章
应对无法改变的情况

　　有时你不得不处理一些无法改变或无法控制的困难以及压力很大的情况。你没有魔力让一切都合适或者让自己喜爱的人一直高兴和健康。但是好消息是，即使你无法控制这种情况，你可以控制自己如何应对——你也可以学习坚韧的方法帮助自己回弹，从而更加轻松地应对这些艰难时期。

　　在本章里，你会读到一些人们在生活中不得不面对的几个主要有压力的情况，以及坚韧的人处理那些看上去无法想象的情况的方法。还记得在第三章读到的鹅卵石、小石块、大石块和巨石吗？本章讨论的就是被很多人看成是巨石的情况。希望你永远不会面对这些艰难的时刻或主要的困难，但无论如何，知道这些压力有相应的处理办法也很重要。

在继续阅读之前，花点时间回答下面的问题，看看你是如何处理超出自己能力范围的情况。

在判断某个情况自己能否控制时，我：

a. 总是很困惑。

b. 有时知道，有时不确定。

c. 知道自己什么时候能控制，什么时候不能控制。

当我在经历一个非常艰难的时期时，我：

a. 不知道自己是否该请求帮助，如果需要，我该向谁求助。

b. 有时想得到别人的帮助，但不知道对他们说什么。

c. 可以向自己信任的人求助——帮助我面对这个时期。

当面对巨石般的困难时，我：

a. 不知所措，觉得别人有能力处理得更好。

b. 感到尴尬，因为自己一直不能一个人处理情况。

c. 知道即使坚韧的人也会感到巨石般的困难有挑战，如果这些时候我需要别人的帮助才能处理，我不会对自己太失望。

当经历一个压力时期时，我：

a. 因为不知所措，仅仅是待在房间里。

b. 试图做一些有意思的事情，但常常没有动力去做。

c. 知道遵守常规可以帮助自己，而处于艰难时期则会让自己分心。

当处理压力特别大的情况时，我：

a. 没有任何办法应对。

b. 会用一些方法让自己镇静一点，但当我仍然烦恼时就会对自己很生气。

c. 会用自言自语、寻求帮助的方法让自己镇静下来，也明白当遇到巨石般的情况时，比如失去一个家族成员，沮丧或不舒服都是正常的。

如果你大多数情况下选择"a"：你的应对能力正在形成。继续阅读，你会学到在自己能力之外的应对压力情况的一些技巧。

如果你大多数情况下选择"b"：你有一些处理自己能力之外的严重困难和情况的方法了，但你会从更多的阅读中获益。

如果你大多数情况下选择"c"：你已经有很多好的处理方法了。继续阅读，你会在本章中学到更多的方法。

面对主要的生理挑战

生理缺陷无疑会产生挑战和压力，因为它影响到一个人的日常生活。即使是短暂的生理性伤害——比如摔断腿或扭伤脚踝——也会让人感到受挫、悲伤，甚至生气或怨恨。

有生理缺陷或伤害时，人们也许不能完全控制发生的事情，但是可以控制自己对情况的看法和进行自我对话。

例如，香农在长曲棍球冠军赛前扭伤了她的左脚踝，因为脚踝需要时间痊愈，因此她根本无法改善目前的情况。但是，她可以控制自己的行为和管理自己的情绪。她有可能对错过比赛感到痛苦，对别的队员恼火，因为别人还可以继续打球。如果仅仅因为朋友们可以参加曲棍球比赛而对朋友生气，朋友们也会觉得香农很烦。

香农发现用有益的自言自语——比如，"这个赛季我打得不错，明年我就又可以玩了！"——以及镇静的方法可以让自己的烦恼减少，也更加支持队友们。

香农无法改变自己脚踝受伤的事实，但是她能控制自己的失望情绪和痛苦，这样不会对自己的友谊产生负面影响。她能意识到自己对球队的获胜有贡献，与队友共同拥有一个非常棒的赛季！

埃文的故事

当埃文很小的时候，他被诊断患有大脑麻痹症——一种通常影响运动的残疾。埃文努力控制自己的双手，他无法流畅地书写和轻松地自己吃饭。虽然很多患有大脑麻痹症的孩子能够走路，但是埃文却不得不依靠轮椅。他积极配合专家的治疗去增加力量、控制身体，但仍然不能离开轮椅。

埃文告诉妈妈："我讨厌自己和别人不一样。我讨厌自己不能像别的孩子那样走路，我讨厌被自己的身体困住。"他的情绪错了吗？没错。情绪只是个人对外界情况的自发反应。

埃文生气的情绪开始影响到他的友谊。他不想在篮球场的一角观看朋友们投篮，也不想到朋友家打电子游戏，因为他对他的朋友没有大脑麻痹症感到生气和妒忌。他停止了唱歌，退出了学校的读书俱乐部，因为他自己太生气而不想享受这些经历。

埃文学校的心理辅导员和他交谈后，帮助埃文认识到有很多事情可以自己控制，关于他是否可以和朋友外出玩耍，生活中是否有乐趣，是把自己看作是"一个患有大脑麻痹症的孩子"还是"一个追求时尚、有很强幽默感而不幸患有大脑麻痹症的聪明孩子"。一旦埃文的注意力转移了，他就感到自己快乐多了。

埃文处理了自己几乎没有能力控制的艰难情况。当埃文转移了自己的注意力、做了自己可以控制的事情后，你觉得他的感觉怎么样？

埃文还能做哪些他能控制的事情？

埃文能告诉自己其他什么有益的想法？

如果你身体上受到了伤害或有某方面的残疾，下面是一些能够帮助你克服困难、继续前行和享受生活的方法：

- 确定自己对情况的感觉。记住：无论你拥有什么情绪或者你感觉到什么都不是错。
- 考虑一下是不是身体的状态妨碍了自己关注或享受生活中有乐趣的部分。
- 关注自己的能力。接受那些你不能改变的事情，然后把时间用在自己能做的那些有趣的事情上。

- 试着创造一些句子来描述自己——这是一种提醒自己的好方法：你不是一个残疾的你，你是一个充满力量和享受挑战的复杂的人。
- 告诉父母自己能够做和享受做的事情，然后报名参加！
- 和父母交流，看是否有治疗师，比如物理治疗师、职业治疗师、语言治疗师或心理学家，有可能会帮助你适应或应对你的生理困难。
- 和帮助你的治疗师分享自己的目标。
- 把无益的自言自语转变为有益的自言自语（见第四章）。
- 当你太烦恼而无法应对正在经历的压力情况时，用镇静方法放松自己的身体和思想（见第五章）。
- 考虑一下自己是如何对待别人的。是不是生气或悲伤让你无法成为别人的好朋友？
- 你有可以交流自己感觉的人吗？如果有，你和他们真正地交流吗？如果没有，花点时间想一下自己信任的人，考虑一下如何跟他们分享自己的想法。

你刚刚阅读到这样一个事实：尽管需要处理一个主要的困难，却仍然有方法让自己变得坚韧和继续前行。你尝试过上述所有的方法吗？如果没有，那就尝试一下吧！当然，你也可以提出一些别的方法来帮助自己应对身体问题带来的压力，对吧？哪些方法对你最适用？

你知道吗？

你知道在强大的压力之下，比如飓风，能通过一些关键因素区分出孩子是否坚韧吗？在一项对经历过"安德鲁"飓风的孩子们进行的研究中，研究人员发现：拥有支持团队和拥有处理强烈情绪（如焦虑）能力的孩子，往往比那些没有上述条件的孩子更有能力渡过那些艰难时期。

从这些信息我们能学到什么呢？如果你感到焦虑，与别人交流是很重要的，这样你就可以得到管理自己情绪所需要的支持和帮助。如果你正在努力寻找变得镇静、高兴和坚韧的方法，那就大声说出来。你拥有的处理压力的方法越多，你处理困难和从艰难时期中回弹起来的能力越强。

La Greca, A. M., Llabre, M.M., Vernberg, E.M., Lai, B., Silverman, W.K., & Prinstein, M.J. (2013). Evaluating children's trajectories of prosttraumatic stress and predicting chronic dysfunction, *American Psychological Association 2013 Convention Presentation*.

面对主要的疾病

人体是非常复杂的，可以做一些像跑、跳这些动作，能帮助我们完成用手指摸鼻子（甚至可以闭着眼睛）以及敲击键盘这些任务。有时疾病会干扰我们身体的工作。幸运的是，有办法让我们在处理这些压力时变得坚韧起来。

当一个人不得不寻找方法去处理巨石般的挑战时，自我对话可以非常强大。期间，需要考虑的重要一点是：运用自我对话的语言。自我对话可以帮助人们关注积极的和自己能控制的事情，比如"我可能有糖尿病，有时需要去做朋友们不必要做的，像注射胰岛素和检测血糖水平等，但我也可以做很多朋友们能够做的事情。"

当处理医疗问题时，保持镇静是一种处理焦虑和感到压力很大的重要方法。对一个人而言，关于诊断的结果是什么，治疗内容包括哪些，预后效果怎么样，经历这些焦虑都是很平常的。通过保持镇静，你会更容易地考虑情况，你有什么问题，以及你可以从谁那里得到答案。一旦你平静下来，你可能就会发现很容易找到在你控制能力以内的情况的解决办法，比如即便生病住院也能与朋友们保持联系。

米切尔的故事

当米切尔发现自己患有癌症后，关于怎样看待这个巨大的变化他有了选择。刚开始，米切尔非常生气，他对医生说："为什么没发生在别人身上？为什么是我？我不能接受！"

米切尔的反应和话语是正常的。但医生建议他和医院的社工聊一聊，找到处理自己得癌症的方法。社工告诉米切尔关于"我不能做"和"我能做"的想法。在和社工有了几次见面之后，米切尔告诉祖父说："我讨厌癌症，讨厌治疗，讨厌当我感觉难受时不能做别的孩子能做的日常活动。但是，我也要关注自己能做的事情，这样我就不会忘记。社工告诉我如果只关注自己不能做的事情，我会感觉更加低落和无望。我觉得这是正确的。

有时我会把自己不会做的事情告诉爸爸妈妈，他们可以帮我。但我也总是努力关注自己能做的事情，这帮助我很多。"

当米切尔对自己的病感到害怕时，他想到对自己说的话："我不想死。我要去做一切我应该做的事情，让自己变得更好。医生告诉我有很大的机会战胜癌症这个敌人。我有好的医生，爸爸妈妈一直和我在一起，我只需要积极配合治疗。"

当米切尔清楚地知道自己的病情发展和需要接受的治疗后，他对疾病的控制也就越来越大了。他还试着大多数时间继续学习，他甚至在想如何向医生建议在学校的最后一个舞会周期间不要给他安排治疗时间。他试着从原来的绝望中恢复过来，他说："我会试着尽最大努力处理这种糟糕情况。"而不是说他不能处理了。

如果你是米切尔，你会怎么办？

米切尔还能做些什么来帮助自己减轻压力？

处理搬家

也许你想知道为什么搬家与生理残疾、伤害和疾病带来的压力相同。实际上，搬家也能产生强烈的情绪和挑战。它就像生活中一个你很难控制或不能控制的大调整。如果从1到10的等级，10是最困难的，你是否认为搬家是很有压力、是排在第10位、是最困难的？如果是这样，你也许需要一些帮助你处理强烈情绪的方法。

如果你已经战胜过像搬家这样的困难，你会更有信心地再次处理。如果你发现自己需要搬家，下面是一些你可以使用的处理自己压力的方法：

① 首先用镇静的方法，让自己关注有益的自言自语或解决问题的方法。

② 想一下自言自语的内容对不对。例如，你也许觉得自己的生活结束了，其实这不对。

③ 描述你的情绪。学着将你的感情和想法分类，以及如何与别人分享，这能帮助你和别人更好地理解你所经历的事。

④ 对搬家做一个"赞成/反对"的清单，包括自己不想搬家（反对）和可能喜欢（赞成）的理由。

⑤ 对每一个"反对"理由，试着想出一个解决的方法。例如，如果你不想失去朋友，找到和他们保持联系的方法。

⑥ 对每一个"赞成"理由，想一下如何让它实现。例如，如果你想在新的学校结交新朋友，你可以研究一下自己在新学校能够加入的社团和活动。

⑦ 记住：你不是一个人！你可以和父母或朋友交流你的感情。如果你知道有人要搬家，你也可以向他们询问如何处理这个过渡时期。

坚韧并不意味着你总能轻松地处理困难或新的经历。坚韧的人相信有人支持自己、有方法帮助自己，坚韧的人知道尽管在压力时期也有办法让自己继续前行。

胡安妮塔的故事

胡安妮塔因为爸爸的公司搬到另一个州而不得不搬家。当胡安妮塔听说他们必须搬家，她很震惊。胡安妮塔告诉姐姐："我的生活结束了！我不能离开我的朋友们！我无法重新开始！"

胡安妮塔的姐姐说，离开朋友们她也很伤心，但关于这次搬家，她分享了一些她认为令人兴奋的事情，比如会遇到新的人和结识新朋友。胡安妮塔和姐姐想了一些主意来帮助自己对搬家感到轻松。很快她们决定去参观自己的新学校，以便于在搬家之前认识一些孩子。当她们对搬家感到特别失落时，也会练习用自言自语（"这是一次探险！""我们可以继续与老朋友保持联系！"）。

胡安妮塔仍然讨厌搬家，但她知道自己无法改变这种情况。一旦平静下来，关注自己能够控制的，比如在真正搬家之前认识一些孩子，胡安妮塔感觉她能从绝望中恢复过来。

你曾经搬过家吗？如果有过，你和胡安妮塔的感觉一样吗？

胡安妮塔还能做些什么让自己对搬家感到更轻松？

面对喜欢的人去世

如果你生活中重要的人去世，这是严重的打击。你的生活中没有了这个人会改变你们在一起时的计划和分享更多美好时光的梦想，甚至成年人也会对如何处理自己喜欢的人去世在内心进行斗争。

对一个失去家庭成员、生活中重要的人，甚至一个宠物的人而言，说"接受发生的事并尽快恢复"是很容易的。然而，这可能是不现实的。即使他们知道人已经去世了，他们也可能会变得麻木，不理解这种失去为什么看上去不真实。虽然这几乎只是正常的第一反应，却会让一些孩子感到困惑和害怕。事实上，这种麻木是一种保护——它让你从你的所有情绪中立即感知。

你也许会对有人去世这件事感到生气，对失去的人感到悲伤。如果是你的父母去世，你可能会发现自己的日常生活和家庭气氛会改变。如果是你经常指导的一个信任的人去世，你可能会对现在需要向谁获得这么多的支持感到困惑。

接受自己喜欢的人去世需要时间。接受并不意味着你喜欢这种情况或者要忘记这个人，然而这意味着你知道你做任何事都改变不了它，所以你要试着去适应它。不要担心在一周、一个月甚至几个月的时间内去接受，这是一个过程。甚至接受你做任何事都无法改变你喜欢的人去世这个事实也需要时间。

下面是一些处理这种压力的方法：

- 接受你的情绪。在你生活中的这种时刻没有"正确"的情绪。
- 知道对有人去世感到生气是正常的，因为这个人不会再和你在一起了。
- 如果有用，试着写日记或者复制几张这个人的照片放在笔记本里，这样你就可以有一本关于这个人的永久笔记了。如果你想要记住一只亲密的家庭宠物，这个方法也有帮助。

- 不要忽视你的情绪。装作自己很好和没有什么烦恼，可能会让你失去应该需要的帮助。让别人知道你需要接受他们的关心和照顾。

- 关注积极的记忆。如果你最近和这个人有过争吵，关注这类事情是没有帮助的。喜欢一个人有时也会有争吵。关注你们曾经拥有的爱，即便它没有被直接说出来。

- 试着尽快回到自己正常的作息时间和活动上，这样你可以从事一些熟悉和轻松的事情。

- 向愿意倾听并支持你的人诉说，可以一直诉说。即便有些孩子关心你，然而他们自己可能都不知所措了，以至于不能倾听你的痛苦。

- 与支持自己的大人一起去找在学校中处理强烈情绪的方法。

人们以自己的方式处理自己喜欢的人的离去，却没有一种正确的方式来表达悲痛。但是，如果你感到自己不知所措和悲痛欲绝，记住你生活中仍然有人成为你的支持者。给他们一个为你提供支持的机会，给自己一个接受支持的机会。

处理父母吵架或离婚

当你发现父母不断吵架、阻止了自己记忆中或希望得到的平静家庭，这非常有压力。一些孩子希望父母离婚而不是吵架；一些孩子则希望父母吵到争执消失为止，因为他们不想让父母分开或离婚。

现实是父母将会做自己想做的，这意味着你只是一个旁观者。你可以看，有时可以让他们分心，或者不惹事而让事情平息。不管你做什么，你的父母仍然有可能会吵架。这是一个与你无关的成人问题，并不是你的错。他们可能还会离婚。

在处理父母冲突时，一些孩子不确定应该如何应对或者跟谁交流。

如果你的父母在争吵、分居或离婚，下面是一些你可以用来帮助自己处理压力的提示：

- 提醒自己：不是你导致父母的问题的产生，你也不能解决他们的问题。
- 当父母吵架让你烦恼时，告诉父母要冷静并且互相尊重。
- 试着用在自己房间听音乐的方式阻止他们大声叫喊。
- 在学校做完家庭作业，学校可以让你更好地集中注意力。
- 让父母知道：自己需要跟家庭以外的人交流因他们争吵或离婚而产生的压力。或许父母和你能挑选一个可以倾诉的人——这个人不赞同某一方，比如辅导员或心理学者。
- 提醒自己：离婚并不意味着你与父母的分离。你能告诉自己虽然父母亲不再在一起，但是却都爱你吗？

如果你的父母可能开始做一些伤害别人的危险事情，你应该考虑是否及时拨打110来保证每个人的安全。如果你不确定是否安全或害怕事情会变得危险，就及时跟自己信任的、能帮助自己判断并且支持你的成年人交流。

处理其他失望情绪

有很多不像巨石那样的其他情况，但仍然能引起强烈的失望情绪。很多人努力弄明白什么时候要接受一个艰难的情况，什么时候要特别努力地去改变。

有很多让你烦恼的情况是在你控制之外的。例如，假设你在科学课题上工作很努力，但没有在比赛上获奖。你无法改变自己在比赛中没有赢得第一名的事实，你只能改变自己的想法和行动。下面是一个人可能产生的反应方式的两个例子：

❶ 布兰特（见第六章）在他的科学课题上努力工作，他认为自己做了很多工作，并且相信自己会赢得比赛的第一名。当他发现自己是第三名后，抓起自己的课题报告让父亲马上把他带回家，一进家门，他就将课题报告扔到了地上。然后，他跑进自己的房间大哭大叫："我讨厌评委，讨厌汤米抢了我的第一名！"几分钟后，他又开始哭喊："我真是太笨了！难以置信我还想得第一名。我再也不努力做任何事了。"

❷ 菲利普在科学课题上也投入了很多时间，但他的成果没有进入前三名。他告诉自己最好的朋友："我真的想赢得比赛，但可能是明年了。你看到获奖者的展示了吗？真是太棒了！"

布兰特和菲利普是同一所学校、同一场科学课题比赛的学生，他们在科学课题上都花费了大量的时间和精力——这些是他们可以控制的因素。然而，在他们得知自己没有获得比赛第一名后，他们的反应是截然不同的。

菲利普觉得有趣，关注自己尽力的事实以及从其他尝试中得到学习。布兰特关注自己对别人的生气、自己所谓的"失败"以及觉得自己未来也不能成功。菲利普运用积极的自言自语，而布兰特则没有。菲利普感到有趣，而布伦特没有。菲利普是坚韧的，而布兰特则不是。

坚韧并不是不会失望。正如菲利普说的，他"真的想赢得比赛"，但是他仍然能享受这个经历。坚韧的人能意识并接受自己的感觉，进而找到处理失望和压力时期的方法。

关键点

- 无论你怎么努力，总有些情况自己无能为力。
- 当面临较大的压力时，承认自己需要帮助是可以的。
- 即使在面临无法想象的压力时，继续做一些自己日常的活动，能帮助自己仍然专注于不变的生活部分。

总结

在本章中，你阅读到知道一些你不能控制的痛苦情况的重要性，但是仍然有处理它们的方法。特别艰难的情况，比如生理残疾、大的疾病、转学搬家、父母吵架或离婚，以及自己喜欢的人去世，都涉及了。此外，本章也探讨了当你无法改变日常生活中失望情绪的原因而处理失望情绪的方法。在下一章中，你将有机会考虑自己什么时候能自主解决，什么时候应该听从别人的建议，以及什么时候应该让别人介入和帮助解决。

第十章
建立支持团队

　　没有一个人是完全独立的。你吃的所有食物是由父母种植的，还是依靠别人提供、在商店里出售的？当你的老师外出度假时，是自己驾驶飞机还是依靠飞行员驾驶？真相是每个人有时都需要从别人那里获得帮助。知道什么时候你可以自主应对情况和什么时候寻求帮助或建议，这实际上是人成熟的标志之一。你不需要为了达到真正的坚韧就百分之百地独立自主。

　　在本章中，你将会阅读到独立，具体而言，是指什么情况下完全依靠自己，什么情况下需求指导。你也会读到需要别人帮助自己处理问题以及向什么样的人求助是个好主意。在开始阅读之前，花点时间看一下自己在下列情况下是依靠别人还是独立解决。

当被困难的情况困扰时，我：

a. 通常不会自己应对。

b. 有时知道应该自己应对，但不知道该怎么办。

c. 知道什么情况下自己能应对，并且有办法处理。

当我面临挑战性的情况时，我：

a. 通常不会向别人请求指导。

b. 有时请求别人指导，但认为这是一种示弱。

c. 对向别人寻求建议感到轻松，特别是我在需要别人对处理压力的观点或一些建议时。

有时，当情况严重或自己感觉很不轻松时，我：

a. 通常会拒绝别人的帮助，因为我喜欢独立自主。

b. 有时让父母或老师介入，但我会感到尴尬为难。

c. 知道当情况严重、自己的方法不灵和感到非常不舒服时，向别人求助是一种成熟的标志。

如果决定向别人求助，我：

a. 甚至不知道向谁求助。

b. 总是去问父母。

c. 有一个支持团队，向最适合的人寻求帮助。这个人可以是父母、兄弟姐妹、老师，或自己信任的另外一个人。

如果决定和父母交流一次有压力的情形，我：

a. 期望他们能替自己解决。

b. 希望他们告诉我需要做什么。

c. 知道什么时候我只是需要建议，以及什么时候我需要他们介入，为我处理情况或和我一起处理。

如果你大多数情况下选择"a"：你正在开始学习什么时候完全依靠自己，什么时候寻求指导，什么时候让别人帮忙。这个知识和你学习变得坚韧一样重要。

如果你大多数情况下选择"b"：你已经有一些决定什么时候寻求帮助、什么时候依靠自己的方法了。继续阅读，你还会学到一些别的方法。

如果你大多数情况下选择"c"：你已经有很多坚韧的方法，在依靠自己还是向别人求助之间有很好的平衡。不管你的答案是a、b还是c，以开放的心态去学习新的技能和从艰难时刻恢复的方法总是很好的。

得到建议和指导

你每天可能都要依靠自己应对很多情况。也许你善于挑选上学穿的衣服、做数学作业和记得做一些自己的杂事。考虑完全依靠自己是让人感觉不错的时刻，特别是当你认为准备好了、有信心处理该做的事并且有能力做的时候。

自己处理困难的情况会帮助自己获得信心、战胜逆境。然而，与此同等重要的是，知道什么时候向别人寻求建议和让别人帮助解决。

寻求建议或指导并不意味着必然需要别人替自己处理。也许你在获得建议后仍然是自己解决。如果是这样，让跟你交流的人知道你只是寻求建议，仍然希望自己来应对挑战。否则，他们有可能认为你在请求替自己解决问题。例如，你也许会向朋友咨询如何确定一个孩子是否喜欢你。但是，你的朋友却直接询问了那个孩子，实际上你所需要的只是自己做什么能够得到一些提示。所以，最好准确地弄清楚自己寻求的是什么。

向别人求助

如果你被严重的不公正对待或者遇到一个危险的情况，就应该立刻寻求帮助。即使你是一个非常有能力的年轻人，你也应该告诉别人、寻求支持。

雷蒙的故事

雷蒙认为自己是一个相当独立的七年级学生。他每天晚上用手机设定第二天早上起床的闹钟，为上学做准备，确保吃一个快速健康的早餐，总是在校车到达前等候。他也可以自己做一些杂事和家庭作业而不需要父母的提醒。在一次不寻常的、忙碌的家庭周末之后，他需要在周一早上以前完成最后15页的读书。他知道自己太累而不能专心读书了，因此他问妈妈是否可以为他读书，这样他就可以关注听而不是试着读和理解了。他的妈妈同意了他的方案。

你觉得雷蒙的方案怎么样?

你仍然觉得雷蒙是一个独立和自我约束力强的人吗?

你认为雷蒙意识到自己什么时候需要帮助是一个坚韧和成熟的标志吗?

　　如果情况并不是特别严重,你也没有被别人欺凌,你认为向别人寻求帮助合适吗? 当然可以! 如果你在试着管理或处理一种新的情况,或者感到压力特别大,那就找别人帮助吧! 但是,请记住,有时你确实需要有机会自己去确定事情。如果你总是依靠别人,你可能会被剥夺获取知识和信心自己去处理的机会。你需要掌握好依赖别人和依靠自己的平衡,并渐渐地越来越依靠自己。

　　如果你确实需要向别人求助,讲清楚自己的需求(或希望)。当你和别人交流时,尽可能具体些,使他知道你需要什么样的支持。如果你知道以前有人处理过困难或挑战,而你想获取他们的指导,向他们请教是合适的。你可以从别人那里学到一些有价值的信息!

　　有时,向一个成年人询问更多的信息是有帮助的,这样你可以更好地理解某种情况。例如,罗伊告诉爸爸:"让教练把我放在外出的足球队里!"实际上,罗伊可以向父母咨询如何请教教练:自己这次没有进去的原因以及下次他怎么做才能进去。即使罗伊与教练的谈话不能改变自己没有进入外出足球队的事实,但可以让他获得自我实现的满足感。

记住：喜爱你的成年人有时也不会帮你解决所有的压力。也许这也是他们帮助你学习的方式：让你在没有他们介入的情况下，做好对艰难时期处理的准备。

也许你仍然想让自己的父母或别人处理你认为不轻松或困难的情况。对你而言，依靠自己处理失望情绪是困难的事情。

所以，什么时候需要父母介入还是直接帮助解决？下面是一些提示：

- 如果你需要做而不是想要做一些事情（例如，因为自己要参加一个婚礼而需要推迟一次考试），但是你却不擅长处理这种情况，那就向成年人寻求帮助。
- 如果你身处危险之中或者感觉被不公正对待，大声说出来！
- 如果你确实被困住了并且需要帮助，那就向成年人寻求指导，特别是当你知道这个人曾经成功地处理过类似的困难或者有与自己情况相关的具体建议。

每个人都需要在依赖别人和依靠自己之间做平衡。如果你知道你现在已经有应对一些压力情况的方法，而且你也没有面临任何危险，你能提出一种自己需要做出反应的方法吗？

和你的父母或自己信赖的成年人一起检查一下，看看他们认为你的方法是否有作用。以开放的心态向他们学习，但是也要以开放的心态逐渐独立地处理更加艰难的时期。

你知道吗？

你认为教室里的学生在对普遍的学术能力感到自信时更容易提问，还是没有自信时更容易提问？一项研究发现，实际上当学生怀疑自己在学习上成功的能力时，就不大可能去寻求帮助。如果在需要帮助时而没有寻求帮助，他们做得就不如自己轻松寻求指导后表现得好。如果学生感受到教室里特别紧张的比赛氛围，那些怀疑自己能力的学生就不大可能去寻求帮助。

如果你发现自己在犹豫是否寻求帮助，或者怀疑自己在学习上的能力，或者感到教室里紧张的比赛氛围，请记住：寻求帮助是非常明智的行为，这将能够帮助你战胜面临的困惑或学习上的挑战！

Ryan, A.M., Gheen, M.H., & Midgley, C. (1998). Why do some students avoid asking for help? An examination of the interplay among students' academic efficacy, teachers' social-emotional role, and the classroom goal structure *Journal of Educational Psychology*, 90(3), 528-535.

向谁求助

当面临一种挑战性的情况需要求助时，你会向谁求助？你是否有一个可以依靠和寻求帮助的支持团队？你的支持团队可以包括很多人，比如你的父母、兄弟姐妹、其他亲戚、老师、辅导员、心理咨询师、社工，甚至是朋友。在某种情况下，可能某些人对你来说更有帮助，而别人可以在其他时候更好地指导你。花点时间读一下以下一些孩子关于压力情况的描述，想一下如果你面临着同样的情况，应该向谁求助？

"在西班牙语课上，我很难确定动词和名词是如何搭配的，这让我感到很困惑。"

- "明年我就从小学升到中学了，我不知道去那里的道路。"
- "课间休息时，朋友让我和她一起玩游戏。我拒绝是因为我不知道怎么玩。"
- "有时我需要帮助来结交朋友。我该怎么办？"

你的答案是什么？当然，底线是你可以求助于父母的指导，也可以视具体情况从其他人获取支持。例如，对在某门功课上有困难的学生，老师是很好的选择；对如何到达中学不确定的学生，可以跟学长学姐请教一个虚拟的（或者实际的）路线；对不知道如何在课间玩游戏的学生，可以让朋友说明规则。

如果你有严重担心或关注的事，例如交朋友，父母可能会给你指导和建议。当困难引起你太大压力时，有经过系统训练的专家（如心理咨询师、学校辅导员、精神科专家和社工）可以帮助克服或处理这些情况。你的父母可能会帮你发现其中的一位，在跟你的辅导员、专家或了解情况的人交谈后，做出一个对应的参考对策。

关键点

- 有能力的人知道何时依靠自己、何时求助别人。
- 感到有压力或不知所措时，知道谁是最适合向你建议如何处理情况的人，是有帮助的。
- 你支持团队里的人越多，你就会有越多可选择的人可以寻求帮助！

总结

在本章中，你阅读到知道什么时候可以依靠自己应对情况的重要性、什么时候寻求指导的重要性，知道什么时候让别人介入帮助解决，以及怎样确定向谁寻求支持以帮助自己处理特殊情况。

结语

不要停！你的坚韧之旅仍在继续！

你已经学到了很多应对处理生活中的压力和困难时期的方法。随着成长，你会面临新的经历和挑战，也许你会重读本书来发现最适合自己的处理方法。

下面是一些你能使用的让自己变得更坚韧的提醒：

- 如果你自信和坚韧，生活的压力会减轻！
- 知道自己压力的产生原因和应对方法，能让你为处理这些时期做好准备。
- 情绪没有好坏，它们只是帮助我们理解我们自己、我们的希望和需求。

- 对你变得坚韧来说，运用有益的自言自语是一种重要的方法。
- 一旦你平静下来，你能更清楚地想到应对的方法。
- 你不必为失望、决定和其他压力源而不知所措。
- 一些有压力的情况实际上是能够控制的，你可以学习坚韧的方法来处理。
- 朋友之间需要尊重和快乐，但也需要妥协。
- 一些感觉痛苦的情况可能无法控制，但是有试着应对或适应的方法。
- 有时依靠自己是重要的，但有时寻求别人的帮助或指导也是可以的。

　　恭喜你！通过阅读本书，你已经向坚韧起来走完了第一步。到下次自己面临困难或有压力的情况时，试试你的新方法吧！如果现在的你比以前变得更坚韧了，那么证明你走的方向是正确的。享受这个让你变成一个更加坚韧的人之旅吧！

作者简介

　　温迪·L.莫斯（Wendy L. Moss），美国职业心理学委员会委员，美国学校心理学学会会员。拥有临床心理学博士学位、心理医生执照和学校心理学执照。她在心理学领域有超过25年的工作经验，在医院、社区、诊所和学校都工作过。著有《我要做自己》《学习可以更高效》《我的青春期》，她还是《学校心理学杂志》的特约评论员。